尹烨 / 著

基因，这么聊
我就懂了

北京联合出版公司
Beijing United Publishing Co.,Ltd.

图书在版编目（CIP）数据

基因，这么聊我就懂了 / 尹烨著. -- 北京 : 北京联合出版公司, 2024. 12. -- ISBN 978-7-5596-7984-0

Ⅰ. Q343. 1-49

中国国家版本馆CIP数据核字第2024AK2182号

基因，这么聊我就懂了

作　　者：尹　烨
出 品 人：赵红仕
责任编辑：杨　青

北京联合出版公司出版
（北京市西城区德外大街 83 号楼 9 层　100088）
河北鹏润印刷有限公司印刷　新华书店经销
字数 180 千字　880 毫米 × 1230 毫米　1/32　印张 8.75
2024 年 12 月第 1 版　2024 年 12 月第 1 次印刷
ISBN 978-7-5596-7984-0
定价：69.80 元

目 录
Contents

第一章
基因是什么？

第二章
基因与行为

第三章
基因与健康

第四章
基因与遗传

第五章
基因与两性

第六章
基因与脑认知

第七章
基因与未来

第八章
基因与技术

* 本篇文章由 AI 撰写。

推荐语 /

舒德干

进化古生物学家，中国科学院院士，西北大学博物馆馆长

生命的奥秘藏在基因里，无比神奇。遗传学和基因组学的发展，从根本上支持并拓展了进化论。人类自身这套基因组不仅来自父母和父母的父母，更可追溯至数万年乃至上亿年之前的非人类祖先。基因的故事既多如牛毛，更纷繁复杂。尹烨博士博学多才，热衷科普，超级多产。本书从其两千多期科普作品中，遴选出部分播放量高、互动性强的精品奉献给读者，希望它们能够带你轻松走进基因的世界，让基因科学知识变得简单有趣！

俞敏洪

新东方教育科技集团创始人、董事长

这本书是对生命科学的深入探索与分享，作者以其丰富的个人经历和扎实的专业知识，带领读者领略科学的魅力与实用性。从家庭的熏陶到职业的积累，作者展现了科学普及的重要性和必要性。书中

不仅包含了生动的案例和易懂的讲解，更强调了公众参与科学传播的意义。通过生动的故事和深刻的思考，读者能感受到科学与生活的紧密联系，激发对生命科学的兴趣和探索欲望。这是一本值得每位对科学有热情的人阅读的书，让我们共同迈向科学的未来！

刘擎

华东师范大学政治学系教授

尹烨不仅是生物科技公司的英领之士，也是科普领域的一名健将。他学识渊博，才思敏捷，而生命科学正是他精通的核心专业知识。这本科普著作让人信得过、读得懂，而且妙趣横生、引人入胜。

周鸿祎

360 集团创始人、董事长兼 CEO

生命的复杂和精妙，像一个精心设计的系统，让人不得不怀疑，这背后是不是有个"超级程序员"，靠基因代码构筑着一切。基因或决定了我们是谁，但你有没有想过，基因密码或也面临安全问题？就像我们的电脑和手机需要防病毒一样，基因也可能受到外部的干扰和攻击。随着基因编辑技术的发展，我们有能力修改基因，但这同时也带来了新的挑战和风险。我们如何确保这些技术不会被滥用？揭开生命的神秘面纱，探索科技的边界，相信这本书会给你不少启发！

樊登

帆书 App 创始人

基因是我们每个人自带的密码，对基因的了解也许能救我们的命。关于基因的科普，没有人比尹烨更合适了！他总能把特别复杂的科学问题说得清清楚楚、条分缕析。

杜兰

全国三八红旗手，广东省科协常委，
广东省人工智能产业协会创始会长

世间万物，纷扰繁杂，而与尹烨的每一次对话，却总能在轻松谈笑间，让人感受到知识的丰盈。无须刻意策划，话题自然流淌，言语间的智慧，如同流水般顺畅，从未有过片刻的冷场。这不仅是他八年科普之路的磨砺，更是他二十年科技探索的沉淀，但更深层的，是那颗对天地万物怀有敬畏与爱意的心。

打开《基因，这么聊我就懂了》，仿佛能听到尹烨那充满热情与活力的声音，在耳边娓娓道来。他以一种几乎让人跟不上的速度，将那些看似遥不可及的科学知识，变得如此亲切可感。吃饭、睡觉、健身、减肥……生活中的点点滴滴，在他口中，都与"基因"这个神秘的词紧密相连。我常在思考，这样一种从底层逻辑出发的认知方式，是否也能转化为我自己的"生活无处不 AI"的哲学？

智者虽不常伴左右，但他会化作文字，穿越时空，给予我们不断的启示。这本书，便是尹烨送给我们的礼物，让我们一起探索基因的奥秘，领略生活的真谛。

施展

历史学者，上海外国语大学全球文明史研究所教授

人在多大程度上是被先天决定的？又在多大程度上是被后天塑造的？你的成败，天分、努力、运气，都起到什么作用？这些问题你很可能经常会追问。尹烨这本讲述基因科普的书，不一定能给你满意的答案，但一定能启发你的进一步思考。

蔡磊

渐冻症抗争者，京东集团原副总裁

在疾病的重重迷雾中寻求光明，基因研究无疑是那把至关重要的解锁之钥。尹烨博士以其深入浅出的笔触，引领我们踏入基因这个神秘而又充满希望的领域。本书不仅为我们揭示了许多疾病的根源所在，更点亮了通往治疗新途径的曙光，让我们在面对诸多尚无根治之法的疾病时，不再束手无策。生命不息，战斗不止。面对疾病设下的重重挑战，当然不能轻言放弃。我始终觉得希望就在不远处，但还需一步一步地努力。在此过程中多多了解基因知识，乃是破解之道。注定，全社会终将从中收益无穷！

作者自序

此书成书之时，我做科普已经八年。

凡是过去，皆是序章

如果一个人有所成就，最该感谢的就是原生家庭。

我在东北长大，一大家子大几十口，凑在一起就叽叽喳喳，所以我嘴皮子自然不会差。加上老妈爱好诗词，老爸爱好曲艺，他们从小就带我诗朗诵、说相声……而我的幼儿园老师们也"挖掘并发扬"了我这个特长，让我时不时就代替她们给小朋友们讲故事，上小学之后我几乎承包了学生代表的所有讲话，演讲、朗诵和辩论几乎从不缺席，所以我的公众演讲，特别是即兴演讲能力就这样打下了基础。

老爸是学历史的，又在电台和秘书处干过，我印象中他最高频次的场景，就是挑灯夜战写东西。秘书当然要给领导准备稿子，在电台工作，同样需要自己拟定采访提纲并独立完成稿件。他自己还经常写诗投稿和编纂史料。所以，他和我聊天时总会东拉西扯、今古穿越。久而久之，我看问题的宏观性和思辨性就慢慢被培养起来了。而他教我写东西的时候，则一定要旁征博引，善用比方，我的文笔和借喻的能力也就这样练出来了。

丹东多山，烟台多海，这样的成长环境使我始终保持着和大自然的亲密接触。老妈几乎每天都会早起爬山，到了周末或节假日就会带着我进山或赶海：打栗子、采蘑菇、摘野菜、捕昆虫、挖蚬子、捉螃蟹、兜胖头鱼……甚至有一次，她带着我，用衣服包着，直接把一窝刺猬母子搬回了家，您说我对生命科学能没有兴趣吗？

2003 年，我参加了抗击"非典"。在那之后忽然发现电商已经起来了，而彼时的工资收入实在太低，要在北京买房遥遥无期。于是就开始尝试在易趣、eBay、淘宝上经营网店，卖的是汽车模型，所以如何能够高大上又接地气地精准描述每一款车型的历史和特点，就成了一门必修课，我的产品经理能力也就由此实战出来了。而又因为 eBay 有不同国家的模型爱好者，所以我这国际化视野和商务英语能力也就在一单一单的成交中锻炼出来了。

躬身入局，与时俱进

台上看到的毫不费力，是台下十年如一日的拼尽全力。

最开始做科普，是因为家族群总有很多不靠谱的消息传来传去，但我发现网上几乎没有现成的成体系的科普资料，要是只通过打字给长辈们讲清楚难度很大，如果粗暴回复，比如说"这个不靠谱""这是骗人的"就会被扣上"你这多读了点书，反而不孝顺了呢"的帽子。所以，我就开始成系统地，将涉及生命科学、医药健康的常见问题进行整理，再遇到家族群里的类似问题，直接发一篇进去，这样的"有备而来"，就不会让长辈们感觉"被针对而尴尬"了。

而正式开始对公众做科普，机缘是 2016 年的亚布力论坛。我在演讲后，认识了喜马拉雅音频的创始人余建军，他觉得我讲的大健康报告非常精彩，应该被更多人听到，所以建议我在喜马拉雅上开个电台，这就是"天方烨谈"的由来。

自此，我的科普工作便再也停不下来了。不知不觉已经讲了 2000 多期，在小伙伴们的帮助下，还真就做到了不间断日更，甚至一日多更。也从原来单纯的音频，逐步形成了"文字＋音频＋视频＋线下课＋尹哥公益书房"的矩阵。而此书，正是从中选择了若干播放量高、互动性强的精选作品，撰稿成书，以飨读者。

一次科普并不难，难的是天天坚持。尤其要紧跟科技时事热点，把握知识讲解分寸，考虑受众接受程度，优化语言输出方式，对抗不被理解的冷嘲热讽……认真做科普确实是个蛮辛苦的事，尤其像基因这样的事物，看不见，摸不着，有很多概念确实也不是特别容易单用语言就能表达清楚的，但总归进一寸就有进一寸的欢喜。而我也在科普之路上，结识了太多不同领域的同道中人，大家互学互鉴，亦乐在其中。在这里，也特别感谢支持所有科普人的每一个朋友和粉丝，你们任何时候一句暖心的话，一个简单的赞，都是支持科普人走下去的最大动力。

所有将来，皆为可盼

当你下定决心并付诸行动的时候，全世界都会因之而为你让路。

埃隆·马斯克（Elon Musk）曾经深情朗读过这样一段话："如果再看一眼那个光点，那是我们的家园，我们的所有。你所爱所知的每一人、所听乃至所存在过的每一人，都在小点上度过一生……它仅仅是一粒悬浮在阳光中的微尘。"这段话正是出于卡尔·萨根1996年的一次演讲，并成书于《暗淡蓝点》。而这里说的暗淡蓝点，则是一张1990年2月14日由旅行者1号从64亿千米外拍摄的著名地球照片，显示了地球作为一个蓝点悬浮在太阳系漆黑的背景中。

如果你看近20年的"科技大牛"，在谈到他们为什么会开创自己的事业之时，几乎无一例外地会谈到，他们在孩提以及青少年时期受到科普的深刻影响。特别是天体物理、机器人和生命科学的影响，而卡尔·萨根、阿西莫夫和薛定谔这些名字则是最高频出现的几位。

中国同样需要这样的科普大家。过去社会上总有误解，认为科学研究高高在上，因此科学普及也只能艰难推进。也正是因为这样的误解，才使得我国科普事业一直以政府推动为主，全社会参与科普的主动性、积极性更是有待提升。其实这两件事情同等重要，科学研究更应秉持追本溯源、归根结底的态度；而科学普及的重点则是激发大众对科学的兴趣，更好地指引大众通往科学之路。

根据中国科协发布的第十一次中国公民科学素质抽样调查结果，2022 年我国具备公民科学素质的人比例为 12.93%，这当然比 2005 年仅为 1.6% 大大进步了，但反过来讲，还有近九成的空白亟待提升，这正是我们需要加倍努力的方向。

仅仅等待不会迎来希望，坐而问道更需起而行之。我现在鼓励更多同行，特别是年轻人积极做科普，大胆站出来，不要理会那些世俗的看法，勇敢做自己。

我就是希望生命科学能够流行起来！

人类本质上还是通过种族繁衍和文脉传递的方式来延续自身的，若我能在生命科学科普领域为这个民族做出些许贡献，能成为一颗不是那么亮的星，并持续启发亮度远超于我的超新星，我便足矣，慰矣，幸矣。

第一章
基因是什么？

1 /

科技大潮浪打浪，基因时代已到来

不同时代是由不同的科技点亮的。

15 世纪，文艺复兴最完美的代表达·芬奇给我们展示了一个全新的理解世界的方式。

16 世纪，哥白尼用他的《天球运行论》告诉我们：地球并非大多数人所认为的那样，它并不是宇宙甚至太阳系的中心，实际上，太阳才是太阳系的中心。

17 世纪，牛顿的《自然哲学的数学原理》得以发表，不过，他和德国数学家莱布尼茨就微积分的发明权问题一直争执不休，搞得沸沸扬扬。到今天，微积分被认为是现代科学的基础之一，它在科技领域发挥了关键的推动作用，很多科学发明都依赖微积分这一工具的支撑。

18 世纪，拉瓦锡发现了氧气的存在，全新揭秘了看不见、摸不着的空气，从而掀起了一场化学领域的革命。

19 世纪，门捷列夫的元素周期表为人们打开了新世界的大门，麦克斯韦的电磁波更是拓展了人类的认知领域，达尔文的《物种起源》则让人类对自我和万事万物有了更为深刻的认识……人类从此进入科学技术大爆发时期。

20 世纪，伟大的科学家爱因斯坦因为光电效应而获得诺贝尔奖，尽管相对论未能为他赢得诺贝尔奖，但其对后世的影响却是巨大的。这一革命性理论突破，使得核武器的发明和核电站的应用同时成为可能。

20 世纪下半叶，生命科学逐渐成为时代的主流。1953 年，"DNA 之父"美国科学家詹姆斯·沃森（James Watson）和英国生物学家弗朗西斯·克里克（Francis Crick）共同向世人宣布了脱氧核糖核酸（DNA）的双螺旋结构。DNA 双螺旋结构的发现，打开了生命遗传的谜团，正式代表了生命科学开始进入分子生物学时代。随后，以此为基础的科研持续推进，成果被应用到医学健康、农业育种、法医鉴定、基因工程等各个领域，取得了深远影响。

近年来，生命科学受到了各界的重视。很多国家均将其列入国家重点发展战略范畴。2019 年年底暴发的"新冠肺炎"疫情更是把生命科学推入了发展的"快车道"，从原先的"养在深闺人未识"，开始成为大众的普遍认知。

完全可以这样讲，肆虐的病毒让人类认识到自己是多么渺小。人类的生存离不开地球，但地球却完全可以脱离人类而存在。我们自以为是地球的主人，但一个小小的微生物就可以搞得整个世界不得安宁。也正是在疫情常态化的今天，人类开始意识到基因正成为人类和生物界沟通的通用语言。

　　"基因"一词最早于 1909 年被提出。彼时，丹麦遗传学家威廉·约翰逊（Wilhelm Johansen）写了一本名为《精密遗传学原理》（*Elements of the exact theory of heredity*）的著作，他在该书中首次正式提出了"gene"这一概念。"gene"这个词的词源其实是希腊语，本意为"生"。后来，中国的科学家几经迭代，其一度也被翻译成"因基"，最终被定稿成"基因"，不但语音相近，更可理解为生命"基本的因素"，可谓"信、达、雅"。从基因的角度看生命，一草一木，一花一叶，一猫一狗，一只蚂蚁一只蜻蜓，从人类到微生物，都有别样的意义。

2

基因像副扑克牌，60 亿张这么多？

生命的本质其实是一门语言，它在一个 DNA 维度上是统一的，最后统一为 4 个最简单的"字母"，即碱基，就是 ATCG。这 4 个字母我们称之为生命的基本牌。用一副扑克牌来类比，一副扑克牌有 52 张（不算"大小王"），有黑红梅方 4 个花色，一个人的基因组有 60 亿张，有 ATCG 四种碱基，30 亿来自父亲，30 亿来自母亲（此外，线粒体基因组也主要来自母亲），通过受精卵结合。在精卵结合那一刻，这个人的基因就基本定了。

基因具有多态性

在基因位点的差异上，人和人之间的差别只有千分之五，这千分之五的差别表现出了极大的差异性。单就身高来说，高的能如篮球明星姚明那样，达到 2.26 米；矮的话，根据吉尼斯世界纪录的记载，世界上最矮的人名叫钱德拉·巴哈杜尔·唐吉（Chandra

Bahadur Dangi），他的身高仅为 0.546 米。实际上，两位先生在其他性状上区别并没有身高这般显著，而身高差异也无外乎是决定生长激素的那几个基因有了区别，这种现象我们称之为多态性。

基因没有最优一说，只看与环境是否适应，而多态性本身就是基因和环境和谐演化的结果。有人高就一定有人矮，有人胖就一定有人瘦，这个世界之所以美丽是因为没有放弃任何一种色彩，所以不管今天你是秀发浓密还是谢顶，是白皮肤还是黄皮肤，都请大家尊重多态性的存在。承认并尊重多样性，"无分别心"，这才能真正体现人性的光辉，我们要理解这个现实，对生命心存敬畏。

基因具有遗传和变异特征

基因通过细胞起作用，细胞在代际中发生遗传，这也是我们长得像父母的原因。同时，基因也会发生变异，要不然，我们就是父母性状的复制，而不会表现成"像而不是"，成为一个独立的下一代了。

遗传和变异决定了我们既继承了上一代的特征，又有了一定程度的变化。人生的发展进程就是一个不断演化的进程，没有最优的基因，只有更适应的基因，我们一直在演化，以做到对环境、对社会越来越适应。

在高原居住的居民，比如藏族朋友或者夏尔巴人为什么没有高原反应？2010 年，华大基因和合作伙伴在高原原住民体内发现了

EPAS1 基因的一种变异[1]，这一变异基因发挥作用，让藏族朋友能适应相对低氧的环境。有人做了调查统计，87% 的藏族朋友身上有这个利于高原习服的变异，而汉族朋友身上，这一基因变异出现的概率仅有 9%。这并不意味着某种基因就是好的或坏的，比如适应高原的人群在平原可能会因为氧气浓度过高而感到不适。一切的关键就在于是否和环境相适应。

基因的突变特征

在我们人体基因组的 30 亿对碱基中，总是有一些突变概率的发生。大家都会玩斗地主，如果我们形象地用扑克牌表示，一把牌连出顺子，很容易就打出去了。但如果其中有一张牌错了，就得开始打单牌。在基因表达上，这可能就代表着一个罕见病发生了。有时虽然就只错了一个基因，甚至就错了一个基因的一个碱基，但错在了最不应该错的位置上，这就是有害的基因突变，这个基因所表达的蛋白就产生了异常，导致了错误的生理功能，那这个人就有可能患了遗传病或者罕见病。

在生命科学中有一个原则：唯一不例外的就是例外。比如一位母亲生了一对异卵双胞胎，这个概率大约是 1/3200000。理论上而言，一对有色人种若生出两个长得很像，但实际上肤色完全不一样的孩子，也并没什么好奇怪的。

1　Xin Yi, et al. Sequencing of 50 human exomes reveals adaptation to high altitude. Science, 2010, 329 (5987) : 75–78.

我们都知道，眼皮是单还是双，这是由基因决定的，可偏偏有一些人小的时候是单眼皮，长大之后变成了双眼皮，为什么呢？人类体内的 30 亿个碱基对中大概有 22000 个基因，它们不是同时表达的，很多基因还分别带上了来自父系或母系的印记。不同的基因会在不同的时间解锁，比如小时候是单眼皮，随着年龄的增长，双眼皮基因逐渐解锁了，单眼皮也就慢慢变成双眼皮了。

性感是好莱坞女神安吉丽娜·朱莉（Angelina Jolie）的标签，她被评为"电影史上最性感女演员"，让无数男人女人着迷。这样一个万人迷在 2013 年做了一件让人震惊的事儿：在身体健康，没发现任何疾病的情况下，她做手术切除了双侧乳腺。

原来，朱莉的母亲玛琪琳与癌症斗争了十年，直到 2007 年过世，享年 56 岁，且家族中还有另外两位女性亲属也均死于相关的癌症。鉴于高遗传风险，医生建议朱莉早做手术。衡量再三之后，朱莉决定先发制敌，通过做手术将发病可能性降到最低。她先是切除了双侧乳腺，后又切除了双侧的卵巢。她的做法让很多人震惊不已：为了防患也是真拼了。

提及基因，至今仍有两种极端的认知占据着主流：一种叫作基因万能论；另一种称为基因无用论。实际上，这两种说法都不够客观，都有点片面化。有些事情基因说了算，有些事情基因说了不算，大家不能把基因神化，什么结果都归因为基因，也不能认为基因是玄学，啥用没有，我们应该以科学的态度去逐步理解基因和表型与每一个人之间的关系。

3 /

生命语言原相通，莫以大小论英雄

从大脑的发育程度和智力上看，人类是目前地球上最高级的物种。虽然从生命角度看，人类和其他动物一样同属于哺乳类动物，可人类的行为受思维支配，做事思路清晰，有是非善恶美丑的辨别能力，而动物自身的行为更多是受本能支配，是无意识的、盲目的。所以大哲学家黑格尔才说：人与动物的最大区别是意识，动物对世界只存在感知，不存在意识；而人是创造物，除了会制造和使用工具，还发展出各种思想观念，有感情，会语言交流。

在地球上，我们自认为人类是唯一有智慧的生物，是不是意味着人类基因组的信息，是所有生命体当中最大的？有些人尝试着从基因角度寻找人类高于其他动物的证据，结果并非如此。

人类基因组包含约 30 亿个碱基对，这些数据在电脑上存储大约需要 3GB 的空间。容量不算大。如果想更深入地了解人类基因组，我们至少需要 100GB 的数据量来进行测量。

测量过程中，为了把所有染色体、所有的基因都测得很完整，需要测很多遍。据统计，需要经过 30 次以上的测序，覆盖率才能达到 90%。

几十年前，人类的基因测序技术尚未达到这一水平。因而人们片面地得出这么一个结论：似乎物种越高级、越复杂，基因的数量也就相应地更多。按照这个规则，酵母、线虫的基因数量肯定要比苍蝇、蝙蝠少，而人类应该是最复杂的。直到 1971 年，C.A. 托马斯（C.A. Thomas）提出了 C 值悖论。

C 值悖论指出，生物的基因组大小与其生物学复杂性并不是正相关的。

在整个哺乳纲的物种中，基因组的大小都非常相仿，这包括猴子、猪，也包括老鼠，它们的基因与人类有着很高的相似度。

在药物实验室，很多人会用小白鼠做实验，一大原因就是老鼠和人类的基因相似度达到 80% ~ 90%。不过，虽然两者有如此相似的共享基因，但表现在外的物理外观或生理特性却是天差地别，这就证明了即使是部分基因的差异也能对形态产生巨大的影响。这也是哺乳动物基因组的大小和组成确实差异不大，但外在形态却千差万别的原因所在。

已知的哺乳动物最小基因组发生在蝙蝠身上。大部分哺乳动物的基因组大小为 3GB 左右，能飞行的鸟类基因组大小为 1GB 左右，而蝙蝠的基因组平均大小约为 2GB，介于能飞行的鸟类的 1GB 和大部分哺乳动物的 3GB 之间。一般认为因其会飞行，代谢高，所以需要更为"经济",也就是偏小一点的基因组。提起蝙蝠,可不简单。诸多威胁人类健康的疾病均与蝙蝠有关,比如狂犬病、埃博拉、SARS、MERS 以及新冠病毒。蝙蝠可以同时携带多种病毒,但是这些致命病毒却对它不能构成生命威胁。这使得科学家一直都对其"百毒不侵"的奥秘充满着好奇。当然,今天仍有不少科学家投身于蝙蝠基因组的研究,期待着能从它们身上破解出更多关于病毒的秘密。

而已知的基因组最小的是鸭圆环病毒(Duck circovirus,简写为 DuCV),其特点是单股环型 DNA 结构,且二十面体对称。鸭圆环病毒非常小,整个基因组也就 1900bp 左右,相当于电脑里的 1.9 个 KB。顾名思义,鸭圆环病毒病的得名源自鸭子,它虽然不能给鸭子带来致命危机,但可以导致鸭子发育不良,一旦在鸭群传染,便很难控制,并且没有有效的治疗药物。

实际上,基因数量级越小的物种,我们越是不能忽视。在检测过程中,所处环境中的物质很容易混入其中,导致检测数据失真。同时,它可能还会引起很大的麻烦。以埃博拉病毒为例,它仅有 18959 个碱基,却以高达 90% 的病死率和易传染的特性成为"人类杀手"。

话说在 2020 年 11 月 25 日,加拿大萨斯喀彻温大学作物发展中心柯蒂斯·J. 波兹尼亚克(Curtis J. Pozniak)研究组联合来自加拿大、瑞士、德国、日本等多个国家研究团队的 95 位科学家在《自然》（Nature）杂志上发表了研究论文 [1]。该论文全面揭晓了小麦的基因组构成。研究者先是选取了 16 个具有代表性的小麦品种，分别做了全基因组测序。数据出来后，他们将小麦基因组、人类基因组、水稻基因组三者进行比较，结果，小麦的基因组以 16G，即 160 亿个碱基对的绝对优势胜出，它是水稻基因组的 35 倍左右，比人类基因组多了将近 5 倍。小麦是人类种植最多的主粮，也是人类最古老的"朋友"。对小麦基因组的测序研究是很有意义的，通过基因调整，可以改善小麦的烘焙品质，提高小麦的抗病性、耐寒和耐旱性，提高小麦在极端环境下的亩产水平，等等。

为什么要讲这些呢？简而言之，我是想说，基因研究不能以大小来论英雄，更不能以基因组的数量级来判断物种的高低。病毒基因组最小，人类又奈其何？

1　Sean Walkowiak, et al. Multiple wheat genomes reveal global variation in modern breeding. Nature, 2020, 588 (7837) : 277–283.

4

或有异源亲兄弟？基因知道你是谁

平时在现实生活中见到两个长得很像的人在一起，我们的第一反应大概率是："哎，这是不是双胞胎呀？"如果他们是彼此不相干的陌生人，我们会觉得："他们是不是失散已久的血亲呢？"如果见到长相相似而没有半点儿血缘关系的人，有些人会忍不住猜测："这是不是跟隔壁老王有关系呢？"然而事实是：地球上的确存在长得像却无任何亲缘关系的两个人。

在加拿大，有一位名为布兰莱的摄影师，他花了整整 12 年的时间去跟踪那些完全没有血缘关系却长得极其相似的人，为此，他还开启了一个叫"ME，Myself&I"的拍摄计划。在这个计划中，我们得以见到诸多来自不同地区，甚至是不同国家的人，他们长得竟然极其相似。

"世另我"的理论依据还可追溯至平行宇宙（parallel universes）理论。根据平行宇宙理论，在我们熟悉的世界之外，存在多元宇

宙，这些宇宙不重合、不相交，就像平行行驶的地铁。在平行宇宙
中，存在长相相似、行为习惯吻合的两个甚至多个个体。不过基因
学家认为，不需要平行时空，在当下的世界中，也完全可能撞脸、
撞型！

为什么会这样？

从数学角度看，我们地球上现在大约有 80 亿人，而每个人的基
因组大约 30 亿个碱基对。换言之，我们的基因是有限的，但我们人
类的繁衍却是无限的，所以撞脸就在所难免了。

众所周知，双胞胎的基因很相似，导致他们长相相似。反过来
讲，两个人长得相似，是不是意味着基因相似呢？

2022 年 8 月 23 日，《细胞报告》（Cell Reports）杂志上发表的一
篇文章[1]指出：没有血缘关系，但长得比较像的人，通常具备相同的
基因和相似的行为习惯。

这份报告来自西班牙巴塞罗那大学的一个研究团队。他们在面
部识别算法的帮助下，配对了很多长相相似的陌生人，并进一步对
他们进行基因测序，结果发现，长相相似的两个人，其 DNA 相似度
出奇地高。

更为神奇的是，除了相貌相似外，这些配对者在体重、身高、
行为习惯方面也存在高度一致性，比如都喜欢抽烟、教育程度相同。
这说明长相相似的两人，假定其他条件相差不大，因为拥有特定的

1 Ricky S Joshi, et al. Look–alike humans identified by facial recognition algorithms show genetic similarities. Cell Rep, 2022, 40 (8) .

基因变异位点，其生活习惯和行为爱好高度趋同。

这份报告的作者、西班牙巴塞罗那何塞普·卡雷拉斯白血病研究所的马内尔·埃斯特勒（Manel Esteller）声称，他们还发现了与人类相貌相关联且一定程度上还能左右人们举止、偏好的分子基础。

无疑，该研究具备广阔的应用前景，比如可以促进法医鉴定、面部诊断等医学领域的发展。在技术成熟之后，相关人员可以根据DNA画出犯罪者的面部特征，甚至可以利用患者照片反推出基因方面的蛛丝马迹。

对于基因检测的从业者来说，这一招并不新鲜，随着技术的不断革新和数据的日积月累，已经有科学家从DNA信息当中推算出嫌疑人更为具象的外貌，且准确度高于传统记忆素描。

早在2014年3月，就已经有科学家掌握了与面部特征相关的20多种基因[1]，通过关联分析，拼凑出基因拥有者的样子，尽管精确度不高，离广泛应用还有一定的差距。

2017年，美国基因组学领域的顶尖专家克雷格·文特尔（Craig Venter）也介入该领域研究，他做了一个大样本全基因组测序（选取1061名年龄在18到82岁的测试对象）。为了筛选出代表性志愿者，他和团队挑选了不同种族的测试者，搜集了他们的3D面部图像、肤色、眼睛、音色、年龄、身高、体重等数据，基于这个数据创建了一个比较复杂的预测模型。

---

1 Peter Claes, et al. Modeling 3D facial shape from DNA. PLoS Genet, 2014, 10 (3) .

这项研究发表在了《美国国家科学院院刊》（*PNAS*）上 [1]，克雷格·文特尔声称新的算法能够更好地还原人的脸型、眼睛、发色、声音等特征。从结果来看，这种方法对瞳孔颜色、肤色、性别特征的推算准确率确实比较高，但在预测声音这类较为复杂的遗传性状上还是有待提高的。问题的根源在于数据量不够，或者说关联关系还不够明确。

当时，很多人对这项研究持怀疑态度，毕竟人的长相不可能光看基因，还涉及很多变量。不过达成共识的是，随着进一步的研究与突破，凭借基因技术让坏人归案，这一梦想迟早会实现。所谓"天网恢恢，疏而不漏"嘛！

1 Christoph Lippert, et al. Identification of individuals by trait prediction using whole-genome sequencing data. Proc Natl Acad Sci USA, 2017, 114 (38) .

5 /

犯罪分子再难逃，多亏基因身份证

乘火车、飞机，住酒店，办理银行卡、社保卡，我们生活中处处都需要用到身份证，身份证是识别个人身份的有效工具。

不过，身份证也有很多漏洞。一个犯罪分子，做一次整容，弄一个假名字，凭借篡改的身份证信息，就能逃脱警察的眼睛。怎么办呢？

在现有身份识别技术中，生物辨识技术是大热的方向，而目前唯一几乎不能被篡改的就是 STR 基因座。STR 是短串联重复序列"Short Tandem Repeat"的简写，它是最能体现个体差异的 DNA 序列，被公认为"细胞的 DNA 指纹"。

STR 辨识技术最早应用于法医鉴定领域，而早在 1991 年，它就被用在了亲权鉴定领域。基因研究者经过长达十年的努力，建立了国际通用的 STR 数据库。目前，根据 13 个 STR 位点国际标准，对单个个体进行 DNA 检测，一般来说是可以从亿万人中较为精准地找出目标的。

目前，儿童基因身份证选取国际通用的 19 个固定基因位点进行鉴定，个体识别率更高。未来基因身份证在新生儿中广泛普及后，将有利于被拐卖儿童的认亲，还可提高被拐卖儿童的追踪成功率。

DNA 基因识别技术到现在已经经历了四轮升级：第一代技术就是选取一段染色体进行识别，就像我们拿一张世界地图来看，只能分辨出国家的大概轮廓，看不到太细致的东西，这项技术就是这种感觉；第二代开始，STR 技术逐渐成形，它是通过 13 个 STR 序列来区别，上万亿人中才会出现重复，已经能做到非常细致了，这就相当于我们看"中国地图"的感觉了，我们已经能找到自己所在的城市了；第三代技术，通过高通量测序和四库合一技术获得多种类型的遗传标记，如常染色体 STR、Y 染色体 STR、X 染色体 STR 和线粒体高变区。2023 年，这项技术已经破获了多个二十来年前的疑难案件。这种方法更加精准，类似于可以在地图上识别目的县镇等区域；第四代技术是把一个人的基因组进行全面呈现，准确度可达到100%。据说，哪怕是针对同卵双胞胎这种基因高度一致的样本，也能发现细枝末节上的差异，这已经是看"自家的全景图"了，就连门前的擦脚垫都能看到。

第四代技术是在一个人的全基因组序列上一个片段一个片段地去核对。这一技术让犯罪分子无处可逃，科学家正在尝试利用基因信息再现犯罪嫌疑人的相貌，虽然目前还做不到完全一样，但已经可以对比出是不是同一个人了。随着基因识别技术的发展，很多

"谜一样"的犯罪行为终将大白于天下，这就是"天知地知基因知"的含义。另外，过去重大突发灾害中无法辨认的尸源，如今有了先进的基因识别技术，也可以辨认了。

毫不夸张地说，凭借高准确度 STR 检测方法，未来只需要选取些许个体的血痕、毛发、口腔上皮细胞等，就可以制作出"基因身份证"了。随着技术的成熟，"基因身份证"将有望普惠全民，届时每个人都会拥有一张真正独一无二的身份证。

6

基因技术非万能，三大领域显神通

说到基因研究，很多不了解的人会觉得这是一项特别高深莫测的技术，能做很多超乎想象的事儿，甚至可以改变人类的存在形式。任何一种技术，如果我们把它看成万能而无限制的，什么都能干的，基本就离伪科学不远了。科学精神的核心是严谨务实。基因研究，从科学角度看，主要有三大功能和大家的生活相关。

第一，防止"与生俱来基因"带来的危害。

罕见病其实并不罕见，因为罕见病加上遗传病，类似疾病超8000种，发病率就算十万分之一，你算算以 14 亿人口为基数的罕见病群体有多大？据估计，这个群体在中国至少有 3000 万。而罕见病宝宝的父母有罕见病吗？他们绝大多数看起来都是"正常人"。这里所谓的"看起来"，是因为基因上无人完美，每个人都可能携带数个到数十个有缺陷的基因位点。然而令我们担心的是，如果父母都携带了相同基因上的缺陷位点，那么后代就有很大概率会患病，也就是"与生俱来的基因"出错了。

我们华大基因的董事长汪建在一次演讲中公布了一个振奋人心的消息:天津实施的耳聋筛查覆盖率达到了 90%,这一措施使得该市 80% 的聋哑学校在七年后面临关闭。这背后的原因是什么?

这是因为,孩子听力障碍中 60% 是由遗传性因素造成的,儿童耳聋基因筛查能大幅降低儿童听力障碍患病率。

相信 2005 年春节联欢晚会上,那个震撼了全国观众的节目仍令你我都感到记忆犹新,它就是舞蹈节目《千手观音》。21 位演员全都是聋哑人,可她们却做到了极致的整齐划一。这 21 位聋哑人中,有 18 个生下来并不是聋哑人,她们有着同样的经历:在 2 到 4 岁时打过抗生素——因药物致聋。目前已发现有 4 类抗菌药物存在致聋风险,以不良反应报道最多的氨基糖苷类抗生素为例,其代谢能力有明显的家族遗传性,如果孩子出生时就做一次遗传学筛查,易感患者终身避免使用氨基糖苷类药物(如今,此类抗生素使用也被严格限定),就能有效减少致聋风险。

在此背景之下,随着基因技术的快速发展,聋哑、地中海贫血症、唐氏综合征等遗传缺陷性或产前发育性疾病有望得到很好控制。家族中有遗传性疾病的人群,应积极做基因检测,在受精卵阶段,甚至在婚前孕前就查出基因缺陷源头,早检测、早发现、早预防,使自己甚至下一代免受此类疾病的困扰。

值得一提的是,第一,中国的基因检测是目前全世界最便宜的。以孕妇的无创产前基因检测为例,孕 12 周的时候,只需一管静脉血就可排查胎儿的唐氏综合征，目前有些省份费用已经在 500 元以内，还有很多地方已经把基因检测纳入医保或民生项目，无须百姓自费了。相较之下，这个检测项目在发达国家仍要大几百美元或欧元，在中国香港也得 6000 ~ 8000 港币。

第二，防止"与时俱变基因"带来的危害。

随着人均预期寿命的大幅增加，即老龄化时代的到来，肿瘤发病率和死亡率都随之大幅攀升，每每谈起来不免人人色变，一度也被封为"众病之王"。

我一直都在讲：没有突然生长的肿瘤，只有突然发现的癌症。也一再强调，增强防癌意识，比普及精准治疗更重要，希望大家能养成良好的行为习惯，尤其树立起大部分肿瘤都可以预防的意识和信心。

要知道，当前在肿瘤五年生存率等指标上，我们与美国的差距较大，与日本的差距也较大。这个差距主要不是体现在医生、药物这些领域，而是体现在上述国家的癌症病人通常发现得比我们早，他们发现的时候大多是早期，而我们发现时中晚期比例比较高。大部分肿瘤只要早期发现，那么后续治疗，无论是费用或者预后就不会有太大问题。我们拿原位癌来举例，只要能做手术，很多情况，比如切除结节，其恢复的速度可能比感冒都要快。但如果到了晚期，即使"有的治"也未必"治得起"。从这个意义上，预防就是最好的治疗。

而在治疗的问题上，近几年针对肿瘤的精准医疗的进展较快。

我们以前治疗肿瘤更多是通过意图"除恶务尽"的根治性手术、非靶向的放化疗等手段，这种情况下，往往"伤敌一千，自损八百"。而随着人类基因组计划的启动，自 1990 年以来，靶向的小分子药物、抗体药物纷纷问世并走向普及，如今的免疫治疗和细胞治疗也开始在头部医院推广，使得针对肿瘤的办法越来越多、疗效越来越好、副作用相对可控，甚至"奇迹"时而发生。当然，在上述过程中，做个基因检测是必不可少的。

基因检测不仅能够帮助患者找到精准治疗的依据，还可以帮助治疗后的患者关注后续进展。比如，做了手术后效果如何，过了一段时间后是否会复发？这个时候，通过基因检测对肿瘤微小病灶残留（MRD）进行的动态监测就派上用场了。所谓微小病灶残留，是指治疗后仍存在于患者体内，但用比如 CT 或磁共振等影像学方法无法检出的残留肿瘤细胞或者微小病灶，属于肿瘤发展的"躲猫猫"阶段。如果可以对患者的微小残留病灶进行监测，记录肿瘤分子含量和变化趋势，可为临床医生尽早发现患者复发和及时判断疗效提供参考依据。

第三，防止"外来侵入基因"带来的危害。

某热播电视剧，有一集讲到，一个病人高烧不退，从美国请来的专家换了 5 种抗生素，都没能给病人退烧。有人在弹幕留言：这真是弱爆了！如果是病毒感染用抗生素有啥用呢？应该把病人先送到华大基因做个基因检测，确定他被什么病原体感染，再选择有针对性的抗感染药物，就能药到病除了！

的确，通过基因检测来查出外部侵入病原体，包括对哪些药物耐药、对哪些药物敏感，这些都是可以做到的。如此可确保治疗的有效性，避免误诊或无效用药。

看过《西游记》的朋友都知道，瞌睡虫是《西游记》里孙悟空变出来的。不过，在现实生活中，我们还真碰到过一回。

曾经有一个在非洲务工的患者，在户外被昆虫叮咬，其回国以后出现了头痛、皮疹和反复发热等症状，到华山医院看病。就在医生简单询问病史这么短的时间里，他居然睡过去了十多次。

医生取患者的骨髓在显微镜下鉴定，查出了导致患者感染的真凶——布氏锥形虫。布氏锥形虫有冈比亚锥虫和罗得西亚锥形虫两种，而比较有意思的是，这两种"瞌睡虫"的用药截然不同。

当时，华山感染科泰斗、著名感染病专家翁心华教授看过患者后，分析患者在加蓬被咬，而加蓬位于非洲中部，根据流行病学，患者感染布氏冈比亚锥虫的可能性较大。但是还需要用科学的方法确认到底是哪种虫子。所以华山医院就同时把样本送到华大基因和中国疾病预防控制中心寄生虫预防控制所进行鉴定。

检测结果证实了翁教授的猜测，两家单位几乎同时确认布氏冈比亚锥虫就是真凶。

但是这种病只在非洲撒哈拉沙漠以南地区流行，不仅华山医院没有治疗药物，国内其他医院也没有常备药物。

后来通过各方努力，紧急召开电话会议，向世界卫生组织申请紧急调用了治疗药物。从患者进入重症监护室到感染确诊，再到药物调用成功，仅仅花费 72 小时，上演了一部现实版的《生死时速》。

　　当时的这场跨国救治，真可谓惊心动魄。听完这个故事，相信你对病原微生物已经有一个基本的了解了。

7

信息存储不容易，基因 U 盘来助力

最近有一个消息让很多 IT 数码迷亢奋了：DNA 可以替代移动硬盘存储信息。是不是有点不可思议，这可能吗？

计算机信息存储的本质是对二进制数进行存储，也就是说，所有信息都可以用 0 和 1 来表示。而 DNA 碱基具备可编码的基础。我们知道，DNA 是由碱基、磷酸及脱氧核糖构成的，其中碱基既是 DNA 的重要组成部分，也是 RNA（核糖核酸）的重要组成部分。并且，A–T、G–C 碱基之间能够形成碱基对，呈现出螺旋状的结构。而构成 DNA 的常见碱基有 4 种：A（腺嘌呤）、T（胸腺嘧啶）、G（鸟嘌呤）、C（胞嘧啶）。

若是先把信息转化成 0 和 1 编码，再把 0 和 1 编码转化成 A、T、C、G 序列，从技术上看，用 DNA 实现信息的存储自然是完全可行的。

2013 年 1 月，来自英国的一支科学家团队制作了一本真正意义

上的简洁诗文集，他们成功地将莎士比亚的十四行诗编码在 DNA 片段上，这个片段用肉眼几乎看不到。进一步地，他们指出，这种方式适用于保存世界上所有的数字信息。这一发现有着标杆意义，它意味着信息存储即将迎来一个全新时代。

犹记得东汉时期，汉献帝为了避开"挟天子以令诸侯"的曹操，向外面传递信息，偷偷用鲜血写出诏书缝在衣带里，也就是所谓的"衣带诏"。而在近代的谍战片中，我们经常会看到革命英雄们为了避开敌人的耳目传递消息，甚至直接把信息条缝在身体的伤口里。

相信有了 DNA 存储技术的加持，信息传递的陈旧过去将一去不复返，呈现出的将是焕然一新的面貌。毕竟，我们完全可以把信息植入基因中去，完全不用担心信息会被窃取或拦截。到了收件人手里，他只需提取一个片段，把它翻译过来就可以了。

以大肠杆菌为例，它 20 ~ 40 分钟就能繁殖一代，所以其 400 万碱基的 DNA 完全复制一次只需要几分钟。我们可以把一部电影分解后植入很多大肠杆菌 DNA 中，想要看电影时，只需要把一段大肠杆菌 DNA 提取出来，然后测序解码，就能提取出整个信息来。2019年，华大团队就把《开国大典》的一段视频压缩到了 DNA 里，经过测序解码还原，得到了和原文件一样的视频。

此外，用 DNA 存储信息是非常可靠的，它的保存时间可能长达万年甚至更久，我们可以将其保存在液氮或者液氦里，甚至直接置于可控的外层空间中，其间并不需要太多能源维护。而那种因硬盘、光盘之类的数字介质损害导致存储信息丢失的情况，将成为历史。

人类目前的数字化介质，一克硬盘或者闪存（无机硅）最多可存储几十个 GB 的数据，一克石墨烯（无机碳）预计可存储 1000 个 GB 的数据，也就是达到一个 TB，而一克 DNA（有机碳），目前的理论存储极限可达到 455 个 EB（1EB=1024PB[1]）的信息量，华大集团（以下简称"华大"）目前的技术已经超过 432 个 EB，接近理论值。利用活细胞的 DNA 存储，它的存储方式和效率要远超目前我们已知的存储方式。有数据表明，随着大数据时代的推进，到 2025 年，全球数据信息总量预计达到 163ZB（1ZB=1024EB）。数据信息的爆发性增长给传统的硅基储存方式带来很大挑战。而 DNA 有着海量数据长期存储的特性，DNA 存储技术的发展有望解决储存资源不足的困境。

随着这项技术成本的持续下降，用基因做 U 盘的时代已经不远了，您做好准备了吗？

1　1PB=1024TB。

第二章
基因与行为

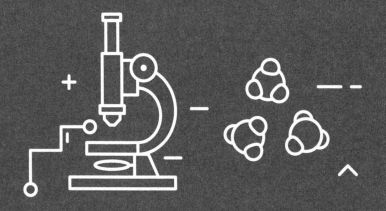

1

基因自私又功利，无私才是真大义

英国著名的演化生物学家理查德·道金斯（Richard Dawkins）曾出版了一本颠覆人们对基因认知的著作，名为《自私的基因》。在书中，他提出了这么一个观点，即包括人类在内的众生，其实都是一种"基因机器"，是基因的载体，甚至是傀儡。

他认为，基因的本质需求就是"复制"，生命生生不息，但这个过程同样是基因的复制过程。基因的复制需要获取更多的营养物质，同时抵御外来有害基因的侵害。为此，基因慢慢演化出细胞结构，并逐步发展成更复杂的多细胞植物和动物，因为植物可以通过光合作用获得有机物，动物能够通过吞噬植物或其他动物获得有机物，不管植物和动物都能排斥外来有害基因的侵入。

基因又是怎么控制我们人类的呢？其实也类似。比如摄入甜食，我们能感到快乐，这种快乐驱动我们摄入更多的营养以储备能量；与异性交往，我们会产生快感，这种快感驱动着我们去繁衍，这就是基因操控生命的手段。

我们的爱和恨，我们的情绪和情感，是不是在受一只"无形的手"的调控？我们的未来是不是完全在基因的掌控下？我们是不是无法挣脱命运的控制呢？

这类观点让人有点儿恐慌。实际上，我认为，人类存在的意义就是要用无私的人性去遏制、对抗自私的基因。

从基因层面上看，基因确实有自我延续和复制的欲望，它在不停地扩张，不停地去传达、延续自己。人类意识的发展过程，就是对抗基因的过程。蜜蜂、蚂蚁这种社会性的昆虫，它们社会模式的延续就在于身上的基因烙印，工蜂负责干活，蜂后负责繁殖，这样的烙印能让它们的基因延续下去。而随着脊椎动物的产生，其神经系统也不断进化，直至到了鸟类，它们的大脑开始产生了情感，于是，有些鸟奉行一夫一妻制，一起哺育后代。到了哺乳动物，则开始出现高级的群体行为，而到了人类，就不再是基因单独说了算，人类的行为已经是由生物性和社会性共同来决定了。

基因属于生物性，身上有怎样的基因，在不考虑基因编辑的前提下，我们只能被动接受，但人类是有意识和智能的，我们可以发挥主观能动性去对抗本性。2020 年 1 月 24 日，"新冠肺炎"疫情刚刚发生的时候，66 岁的华大创始人汪建却带队直接逆行武汉前线。他们不害怕吗？从生物性上讲他们也会担心未知，但他们依然愿意为了所在的种群冲在最前线，因为他们心里明白生命至上的意义。这其实就是一种人类理性和人类基因的本能对抗，这是真正的为了大义的"利他性行为"。

用我们无私的人性去克制自私的基因，人生的意义就在于此。特别是在物质条件已经相对富足的今天，很多事情还顺着基因走就是错的，很多时候我们应选择逆着基因走，比如说少吃多动。物资匮乏的时候，为了尽可能地繁衍，基因希望我们多吃少动。现代人营养和能量大多过剩，如果还顺着基因多吃少动，身体就会产生一系列的包括糖尿病在内的代谢综合征。

总之，当我们不断提升对生命科学的觉知之时，也会不断领悟生命的意义就在于克服基因的自私性。黑夜给了我们黑色的眼睛，但终究我们要用其去寻找光明。

2

减肥屡战又屡败，肠道菌群在作怪

每个人的一生，稍微统计下，其实都可以用大数据来概括，不信你看：

假设活到 80 岁，我们一生会呼吸多少次？大概 8 亿次。

假如 80 年间没有心跳过缓或过急的状况，我们一生心跳会有多少次？约 30 亿次。

我们的基因组有多少个碱基？30 亿对。

我们全身的细胞约有多少个？大概 37 万亿个。

我们肠道内的细菌又有多少呢？数量是 100 万亿个，而它们的基因总量是人类约 22000 个基因的 150 倍或者更多。

在这一系列数据对比中，不难发现，我们从来不是"一个人"，而是一个"人菌共栖"的生态系统。严格意义上，只说"细菌"还不全面，因为还有很多的病毒、支原体、衣原体、真菌甚至寄生虫等。

人类的生存和繁衍一边离不开微生物，一边又不断和微生物抗争，妥妥地阐释了什么是相爱相杀。细菌和病毒，自打 34 亿年前来到这个世界，便再也没有缺席过。它们在生命从低等到高等，结构从简单变得复杂，生活环境从水下拓展到陆地的演进过程中，全程相伴。

父精母血的受精卵，我称之为血脉；我们讲共同的语言，有共同的文化，我称之为"文脉"；细菌不仅仅存活在肠道之内，还活跃在我们整个身体系统中，它甚至还可以通过接触或口粪渠道"垂直传递"。所以我有一个观点：一个社会属性的人是"血脉、文脉、菌脉"三脉合一的产物。

关于血脉和文脉，我们都了解了很多，如今，越来越多的朋友开始意识到，细菌也在影响甚至改变着我们的生活。

要知道早期的多细胞生物，很多其实就是一段"肠子"，后来才慢慢演化出复杂的神经系统，所以肠道和神经系统一直连接着。基于此，生命科学有一个有趣的"肠—脑轴"理论，该理论认为，人的肠道和大脑是可以相互影响的。大脑作为控制中枢，对人的身体和意识起着总指挥的作用，这些大家也知道；反过来，人体肠道的微生物组在一定程度上也可以影响人类大脑，这就鲜为人知了。人体内有大约上百万亿个肠道细菌，肠道也有数百万个神经元，大脑有将近 860 亿个神经元，它们之间是可以顺畅交流的。无论是通过"打电话"的物理方式，或者通过"发快递"的化学作用，全球的脑科学家和神经生物学家已经获得越来越多的实证。

举个不那么严谨但容易理解的例子，中午，你没有选择米饭，而是吃了三碗面，你以为是你想吃面食，实际上很可能是你的肠道菌群想吃，因为你从小就用面条"喂"它们。下午，你鼓足勇气站到讲台上发表演说，可实际上你也无法完全确定，到底是你主动上台的，还是你的肠道菌群通过一系列调节怂恿你上来的。

根据"脑—肠轴"理论，细菌会在人的肠道代谢出诸如短链脂肪酸的代谢物，这些细菌代谢物会影响神经递质 5- 羟色胺的释放，而 5- 羟色胺会影响神经系统。不管是细菌代谢物短链脂肪酸，还是神经递质 5- 羟色胺，它们都通过一些信号分子的实体通路加上迷走神经，和人的大脑进行着互换——信息的交流和联结。

所以，不高兴的时候，千万别轻易对人发火，不妨阿 Q 胜利法：此时或是自己肚子里的细菌在瞎捣乱。孩子不专心念书，也不要贸然责怪孩子，可能此刻他体内的菌群正在影响着他的行为。实际上，一个顺产的婴儿在 12 个月以后，其肠道的菌群就和妈妈趋于一致，和密切生活的家庭成员也高度相关。所以追根溯源的话，我们还得从自己身上找原因。

几年前，我考了公共营养师，我发现里面讲到的很多内容都有待商榷。比如，撇开肠道菌群不谈，按照机械唯物主义的方式，讨论身体能把多少克糖、脂肪、蛋白质无损地转化为能量，这本身就是说不通的。有科学家用克隆的两只老鼠，在其他条件不变的前提下，仅仅对调了菌群，几个月以后，瘦老鼠变胖了，胖老鼠变瘦了，这就提醒广大减肥人士，要想减肥，得同步从菌群下手。

3

暴力或由基因起，相关因果要辨析

前面讲了人类不应是基因的傀儡。然而一些极端情况下，基因还是会深度影响性格的。

美国纽约州立大学北部医科大学的史蒂芬·V. 法拉内（Stephen V. Faraone）领导的研究团队曾在《分子精神病学》（*Molecular Psychiatry*）杂志上发表过一项关于暴力攻击与基因遗传关系的研究[1]。

这是一个很有意思的研究，我们研究精神病，不能光看患者的行为，而是要从分子层面上研究，要在基因蛋白层面上找到一些物质基础。

有多个国家参与了这个项目，史蒂芬·法拉内领导的研究主要讨论攻击性的遗传基因是什么，还有不同物种之间暴力行为的大脑

1　Yanli Zhang-James, et al. An integrated analysis of genes and functional pathways for aggression in human and rodent models. Mol Psychiatry, 2019, 24 (11) : 1655-1667.

回路，在更深层次上有没有一些更完整的观点和推论。而该项研究的另一位参与者指出，由于攻击行为可以对物种的存活带来收益，比如把竞争对手干掉了，地盘就大了，抢到雌性的机会、繁殖的机会也增加了。而与攻击行为相关的基因在此过程中，作为优势基因被一代又一代地传递了下来。

不过，这种讨论是在一个假设前提下，假设生活环境中没有秩序、没有法律、没有文化限制、没有人文层面的限制，也就是不考虑任何环境因素。在此前提下，我们只关注生物学的基础。比如，在满是红色的屋子里，我们就会变得暴躁。相对来说，眼前若是绿色的草地、蓝色的天空，我们的心情自然就会舒缓一点。在屏蔽掉环境因素后，研究者在人类和老鼠身上，识别出了 40 个可导致攻击行为风险的基因。

这里需要强调的是"风险"这个词，我们说有这个风险，但它并不是决定因素，我们不能就此推论：有这个暴力基因，就一定会有暴力行为。

这些基因到底有什么影响呢？它们主要参与了中枢神经系统的发育，包括交流细胞功能维持的相关的生物学过程，一些基因可能会变成拥有暴力行为倾向的基因网络当中的重要节点。这些基因又可能与其他扮演角色的基因产生一些关联，也就是说这些基因里面任何一个基因变了，都会影响相关基因的表达。史蒂芬·法拉内领导的研究发现，这 40 个基因中，有 15 个基因的表达，均受到一个叫 RBFOX1 基因的调控，此外还有另外一个叫作 MAOA 的基因，它编码 5- 羟色胺神经传递的代谢酶，与用于治疗多种精神病的药物有关。

研究还证实，儿童的注意力缺陷、多动症、抑郁症也与攻击行为有着共同的遗传基础。但是诸如精神分裂、自闭症或者创伤性的精神失调等精神疾病是否与"暴力基因"有关，尚待进一步的研究。

这个研究还揭示了一个事实：攻击基因和抑郁症的基因很多是同源的。这是不是意味着攻击性强，得抑郁症的概率就大呢？这还真不是。

我们首先要厘清一个概念，即相关性不等于因果性。即使是相关性，也分强相关、弱相关，并不是因为有点相关性就能够起到决定作用。确实有一些基因可能会导致我们容易具有攻击性，但不等于说有这种基因的群体，就一定会攻击其他人。这种攻击性同时会受到后天的文化修养、教育等社会因素的影响。人类之所以能走向文明，是因为我们始终在先天因素和后天因素之间寻求着克制和平衡。

一句话，基因可以影响我们的部分倾向，但并不一定表现出这种倾向。

4

有其父必有其子？基因歧视要不得

很多人有一种刻板印象，说到犯罪分子，就会觉得他们应该具有易发怒、易冲动、歇斯底里等行为特征。很多影视作品和小说里甚至把犯罪分子的外貌都模式化，比如古装剧中，画了浓重的黑眼线的大多就是坏人。就像那句俗语说的"龙生龙，凤生凤"，我们还会想当然地认为杀人犯的孩子，大概率以后也会成为杀人犯。

那么，这种偏见有没有科学依据呢？2012年，芬兰的科学家对900名罪犯进行了一个专门研究。结果发现：这些犯人体内有两种基因会激化他们的暴力行为[1]。这两种基因的名字分别叫 *MAOA* 基因（以下简称"M基因"）和 *CDH*13 基因（以下简称"C基因"）。

研究人员认为，M基因和C基因充当着控制情绪的开关，一旦开关失灵，人就会变得情绪失控，进而做出不理智行为。

---

1 J Tiihonen, et al. Genetic background of extreme violent behavior. Mol Psychiatry, 2015, 20 (6)：786–792.

其中，M 基因控制着大脑当中的多巴胺和血清素，正是这两者左右着我们的日常情绪。多巴胺可谓人体自带的"兴奋剂"，若分泌过多，人就会变得开心甚至亢奋到忘乎所以。人的本能就是趋利避害，大家都贪恋开心的感觉，都想沉迷其中，因此，多巴胺的刺激就会引发各种上瘾行为。说起来，血清素大量存在于大脑皮层质及神经突触内，它能调节神经活动，让人产生愉悦感。如果一个人体内的血清素水平较低，他们更容易抑郁、冲动，也更易出现酗酒、自杀、攻击等暴力行为。如果人体的 M 基因变异了，多巴胺和血清素就没有办法在体内正常运动和分解，人就不受控制地觉得情绪郁结，会变得格外烦躁。这个时候，再受点外界的刺激，这个人就会变得异常兴奋，容易做出暴力举动。

C 基因有什么功能呢？它不仅可以抑制肿瘤的生长，还能促进脑细胞之间的顺畅沟通。当 C 基因发生突变后，大脑就没法正常传递信息，因而受大脑支配的身体就会紊乱、失去控制。孩子的多动症，成年人的习惯性施暴，其实都跟 C 基因异常有着莫大的干系。就像交通灯失灵的十字路口，令所有车辆都乱了套。

基于 M 基因和 C 基因与犯罪行为的相关性，芬兰的科学家得出了一个推论：执法人员可以通过基因检测来判断个体是否具有这两种基因变异，从而可能认定其有犯罪基因甚至犯罪嫌疑。研究在全球传播后，有人兴奋地解读到：以后只要抽一管血、查一查这人是否具备"犯罪基因"，就可以堂而皇之抓人了！

这可不行啊。刚才咱们讲过了，相关性不等于因果性。研究中的 900 名芬兰罪犯确实是犯了严重暴力罪行，在确定他们的身份后，得出了犯罪行为与 M 基因和 C 基因有关的结论。但是反过来就未必了，不是所有的罪犯都有这两种基因的，也不是有这两种基因的人都会犯罪。简单一点解释，犯罪行为和某种基因突变存在相关性，可这种基因突变和犯罪行为之间并没有因果性，也就是说，有这种基因突变跟必定会犯罪是无法画上等号的，从逻辑学的角度解释就是"既不充分又不必要条件"。

举个更便于理解的例子：美国曾有项关于交通事故影响因素的研究。研究人员的本意是找出造成全国数千起交通事故的"元凶"。在对肇事者进行统计分析之后，结果发现，和预想的不一样，肇事者并非无照驾驶，而是都拥有驾照。但"都有驾照"这个唯一的共性特征，显然不是导致全国交通事故的"元凶"。"都有驾照"和"发生交通事故"有直接关系吗？并没有。在警察逮捕的人群中，不乏无照驾驶的人。这就是"相关性"不等于"因果性"的一个典型例子。

我们可以再想想澳大利亚，这个几乎由"流放犯"建立的国家如今也是全球最发达的区域之一。所以即使携带高发生率的"犯罪基因"，我们也不能就因此认定他一定会犯罪，有这种想法的人可被归属于"基因歧视"。可以试想一下，别人没犯罪，我们指着他说你以后肯定会犯罪，脾气柔弱的人肯定会觉得冤枉、委屈，觉得被不公正地歧视了；脾气不好的人呢，这种指责会给他负面的心理暗示，他会觉得我天生就该犯罪，那就不要对抗本能了，可能就真的去犯罪了。

　　"基因歧视"的负面影响尤其对孩子的成长非常不利，孩子原本是一张白纸，他被检测出携带这类基因，就被贴上了"易犯罪"的标签，在成长过程中，受到周边人的歧视、遇到很多过分的监管，他们的精神和心理都容易出现扭曲。因此，我们千万别用"犯罪基因"来随便评价人，这就相当于在推人犯罪。当然，在遭受类似的不公平对待时，我们也要理智而清晰地提醒自己：人是有主观意识、能动性的，我们是有能力摆脱基因和负面评价的影响的。

5

过度健身不可取，四肢发达会"变笨"

在一次节目中，我提出了这样一个观点：健身不宜过度，有文章发现，一些看起来很"Man"的群体，其实雄激素含量并不高。因为身体的大多数能量都用来长肌肉了，看起来孔武有力的背后，精子质量未必很好。

节目播出后，很多人在下面留言指责我信口开河。但实际上，过度运动带来的副作用不仅如此，甚至还可能影响我们的智力水平。

在 2019 年 10 月 26 日的《当代生物学》（*Current Biology*）杂志上曾发表过一项新研究[1]，发现过度运动会在让人身心疲惫的同时还使得大脑有所萎靡。

这项研究最初是源于法国国家体育运动学院在负责给参加奥运会的运动员进行训练时，无意中发现运动员身上出现了"过度训练

1　Bastien Blain, et al. Neuro-computational Impact of Physical Training Overload on Economic Decision-Making. Curr Biol, 2019, 29 (19)：3289–3297.

综合征"。

什么是过度训练综合征？其客观特征是运动员在长时间休息之后，训练的表现仍然持续下降。且在此过程中，还伴有运动员体内某些脏器的改变，比如说心脏、内分泌系统等官能性和器质性的改变，有部分人甚至出现了类似于抑郁症的症状——对什么都不感兴趣，对什么都爱搭不理。这也是很多运动员之所以会选择使用兴奋剂的一个重要原因：调动不出自己最好的竞技状态，就想着剑走偏锋，期待兴奋剂能帮帮忙，助其一臂之力。

为什么会出现过度训练综合征呢？为了找出答案，法国索邦大学的马蒂亚斯·佩西廖内（Mathias Pessiglione）领导的研究团队，对此做了深入的研究。他们选取了37名男性耐力运动员，其平均年龄均在35岁左右。研究人员将其分成两组：A组进行正常的训练，B组则每次增加40%的运动量，并持续三周。结果发现，相对A组运动员，每天进行超负荷训练的B组运动员更容易有冲动行为。研究人员进一步对其大脑外侧前额叶皮层做观察研究，发现大脑外侧前额叶皮层在超负荷锻炼时活动有所减弱。基于此，科学家得出结论：训练超负荷会导致认知控制大脑系统的疲劳，进而影响大脑的决策。

其实在进行超负荷训练的时候，运动员就会出现精神疲劳，最明显的表现就是他大脑的前额叶的皮质活动开始降低了。前额叶的皮质层拥有超百亿个神经元，扮演着大脑司令部的角色，是负责决策和自控等较高层次思考的指令控制中心。

前额叶的皮质层活动降低后，人们就无法接受递延满足，一定要立马就受到刺激，而不想选择花费更长时间获得更大奖励。可实际上，任何体育运动都是需要认知控制的，得日复一日地坚持以达成长期目标。过度训练所导致的精神疲惫，会让运动员更易半路放弃。

此外，运动员的竞技状态是要通过大脑神经元的活跃来调动人体激素的，这个功能一旦受损，竞技状态急需的肾上腺素就无法分泌，这会直接影响运动员的表现。

因此，过度运动有可能让人变得更加迟钝，甚至出现认知障碍。

目前，科学家们正在投入研究，希望能够找到有助于干预这种神经疲劳的方法以及后续治疗的策略，希望这一天早点到来。

6

大脑睾丸性相近，基因表达本同源

有一句女性经常贬损男人的话——"男人嘛，简直就是用下半身思考的动物"，这话再配上鄙夷的表情和语气，极具侮辱性和攻击性。可偏偏有科学家从科学角度把这句侮辱的话给"坐实"了。

葡萄牙生物医学科学家芭芭拉·马托斯（Bárbara Matos）团队于 2021 年 6 月在英国皇家学会旗下《开放生物学》（*Open Biology*）杂志上发表了一篇综述文章[1]，文章揭示，男性的大脑和睾丸，两个看似风马牛不相及的器官之间，其实共享着最多的基因表达。

研究者发现，睾丸和大脑，相比心脏、肠道等人体组织，两者最为相似，二者共同拥有 13442 种蛋白。遗传信息传递是有一定规则的，主要遵循两条路径：第一条是从 DNA 流向 DNA，也就是通过基因的自我复制来进行遗传信息传递；第二条是从 DNA 流向 RNA，

---

1 Bárbara Matos, et al. Brain and testis: more alike than previously thought? Open Biol, 2021, 11 (6) .

通过蛋白质的流动来完成遗传信息传递。研究者进而推理：既然大脑和睾丸拥有如此高比例的相同蛋白，那么它们会不会有相似的功能呢？

这个推理并不荒谬：一个是负责传宗接代的精子；一个是要让人类成为万物灵长的核心中枢神经系统，大脑和精子都具有高耗能、高耗氧的特征。

大脑一思考，身体里的葡萄糖就会变成乳酸，乳酸可以直接触达神经元，维持神经元之间的突触，使之产生连接。

睾丸中有一套支持细胞，它们负责将葡萄糖转化为乳酸，为精子提供保护和营养。

这两种方式，一种是营养神经元，另一种是营养生殖细胞，都属于趋同演化。用一个形象的比喻，神经元的后勤保障和精子的后勤保障机制是一样的，它们的后勤兵来自同一支队伍。

另外，科学家还发现，神经元和精子之间还会产生相似的胞吐作用，就是它们都需要频繁将自身的物质释放到外界环境中。神经元通过释放神经递质，相互传递信号，树突和轴突的生长也和胞吐作用有关；而精子要释放水解酶，还有其他的受精因子，以冲破卵子外部的透明层，进而有机会与卵子结合。

目前可以说，除了生殖细胞精子和大脑神经元细胞之外，几乎找不到其他细胞，也是需要跟别的细胞产生强交互作用的。

除此之外，大脑和睾丸的正常运转都特别依赖钙离子，神经元需要用钙离子去调节它的突触功能，精子必须通过钙离子才能够使它的顶体（就是精子往前撞的头部）产生非常复杂的信号，并且保持螺旋状运动，使它在射精以后仍有足够能量与卵子结合。

最后，还有一点，这两种细胞在人体内都拿到了一张畅通无阻的通行证，都不会被自身的免疫系统封杀。这一点太重要了，一个保证传递思想信号，一个负责传宗接代，有了免疫系统的放行，生命才得以存在。

当然，前面所说的"坐实"不过是个戏谑之词，也并非在给管不住下半身的男同胞寻找开脱的借口。这一研究结果更多的是证实两者之间的关联或比此前人们想象的要多得多。而这项研究的真正目标是，让我们对人类的生命起源，对人自身有更清晰的了解和认知。

7

来者是敌还是友？要看气味可相投

有一个成语叫"臭味相投"，还有一部电影叫《闻香识女人》，可见身体释放出相同信息素的人彼此会很合拍。这有没有什么理论支撑呢？在《科学进展》（Science Advances）杂志上，以色列的科学家发表了一篇论文，从科学角度诠释了"臭味相投"。

以色列魏茨曼科学研究所的因巴尔·拉夫雷比（Inbal Ravreby）带领的团队主导了这项研究，他们研究的动机是考虑：除了人类之外的陆生哺乳动物会通过闻自己和对方的气味来判断是敌是友，这种方式适用于人类吗？人类会不会也通过气味来判断敌友？

要知道，嗅觉和听觉、视觉一样，都是大脑穿过了颅骨以后的延伸，也就是说，嗅觉受体本身是大脑外脑的一部分，它肯定对大脑的思维判断有影响。

另外，嗅觉不同于听觉或者视觉，它是一个更敏感的器官。听觉是有时间限制的，喊一嗓子，声波的振动信号由强到弱，之后就慢慢消失了，我们互动时，不可能一直喊，所以听觉的交互是非常有限的。视觉也有限制，有遮挡物、距离太远或太近的时候，视觉交互都会受到限制。比较之下，嗅觉的影响会更大，气味长久地弥散在一定的空间，彼此之间每时每刻都会受到影响。哪怕是昆虫这种小生物，都会向外释放气味来吸引潜在的伴侣。

嗅觉对动物彼此的交互肯定会有影响。从动物的演化进程来看，人类肯定也应该有动物的嗅觉本能，不过，作为高等智能动物的人类，我们相比其他动物有更多的沟通方式。我们的语言会更复杂，交互的手段会更多，我们可以打电话或者发微信。换言之，人类不一定非要单纯地依靠嗅觉来识别朋友。因为人类的复杂认知，嗅觉识人不再是人类的必要技能。

事实上，相较于其他动物，人类的嗅觉肯定是退化了，我们身边的动物，比如猫、狗，甚至是猪，都在嗅觉上远胜于我们。但到底退化到了什么程度呢？

研究团队为此做了一个实验，他们在社会上招募了 20 对实验对象，男性和女性各一半，年龄集中分布在 22 至 39 岁，这个年龄段正好处于生育高峰期，是对异性的感知最为敏锐的时候，并且神经系统、嗅觉系统也不太可能出现严重退化以影响实验效果。

这些参与者都要遵守统一的规定，比如不能吃刺激性的食物，要穿统一的干净的纯棉 T 恤，远离身边的伴侣和宠物，以排除一切干扰因素。最后，研究对象穿过的 T 恤被收集在密封袋当中，用气味扫描仪对当中的化学成分进行分析。通过统计分析数据，他们发

现，朋友之间的气味特征要比非朋友之间更加相似，也就是说化学
上更相似的人实际上更容易成为朋友。

更神奇的是，研究人员让志愿者通过气味去辨认，哪一个 T 恤
是你熟悉的朋友的。竟然真的有人能够在众多气味中辨认出哪个是
自己好朋友的。

志愿者中朋友间的气味相似，还可以有另外一种解释：朋友们
会花很多的时间待在一起，他们有相似的饮食习惯，肠道菌群也趋
同，价值观也趋同，这就类似我们常说的夫妻相，是环境塑造了相
似的体味。

为了排除这种可能性，研究小组又做了另外一组测试，他们招
募了 17 个陌生人，让他们玩一个镜子游戏，每个人相隔半米，能够
不经意间闻到对方的气味，然后两分钟内，双方互相模仿对方手部
的动作，但不能交谈。

随后，电子鼻测试化学成分，并根据测试结果预测两人对彼此
的好感度，结果，预测成功率达到了 77%。气味越接近的人，越倾
向于喜欢和理解对方，同时感觉到两人之间确实有种渴望拉近彼此
关系的化学反应。

也就是说，一拍即合的朋友之间，气味特征相较于非朋友之间，
更加相似。有类似气味的人会更容易吸引，进而成为朋友。研究人
员就此得出结论：人类与其他陆生哺乳动物类似，都有用嗅觉判断
亲疏关系的本能。

世上本无善恶，也本无香臭，"臭味相投"的"臭"字原意就是

气味，它没有好坏之分，只有个人主观的好恶。榴梿、香菜、螺蛳粉，这些东西，有人讨厌，说它们臭不可闻；有人却偏偏喜欢，觉得它们是人间的极致美味——正所谓汝之蜜糖，彼之砒霜。从这个角度看，每个人都是一个魅力无穷的人，只要走到跟自己气味相投的人面前就可以了。

第三章
基因与健康

1 /

冥想禅修能治病？改变基因心安定

冥想能治病？很多人听到这种说法的反应：逗我玩呢？怎么可能！现在可不兴"怪力乱神"那一套，凡事都讲究科学。

这个观点，正是科学实验的结果。

在 2013 年《心理神经内分泌学》（ *Psychoneuroendocrinology* ）杂志上，有一项针对精神错乱者家庭成员的研究[1]。在这些家庭中，有人精神错乱了，有人却跟正常人无异，是什么导致了他们不同的命运呢？研究人员发现，精神有异常的人跟健康的人相比，他们体内都出现了由压力导致的基因反应，他们的炎症基因呈上调趋势，而固有抗病毒基因则呈下调趋势。

研究人员从缓解压力入手，引导实验人员进行了八周的瑜伽冥

1　David S Black, et al. Yogic meditation reverses NF-κB and IRF-related transcriptome dynamics in leukocytes of family dementia caregivers in a randomized controlled trial. Psychoneuroendocrinology, 2013, 38 (3) : 348–355.

想练习，效果非常明显。

据此，科学家发表声明称，瑜伽冥想不仅能降低炎症反应，还能增强对抗病毒的防御力，从而强化免疫系统的综合功能。2017 年，威斯康星大学麦迪逊分校理查德·J. 戴维森（Richard J. Davidson）教授团队得出了类似结论[1]：他们证实经过密集的正念练习，基因表达水平会有明显的不同。

2014 年，卡尔加里大学汤姆贝克癌症中心的琳达·卡尔森（Linda Carlson）发表的论文[2]中也指出：正念能影响癌症患者的身体状况。

我们都知道，染色体的末端有一个像帽子一样的端粒，它能很好地保护染色体，延迟细胞的衰老。有观点认为，人类衰老在很大程度上就是端粒的保护能力被削弱的过程。随着人体细胞不断分裂，端粒长度会慢慢缩短。端粒短到一定程度，对染色体的保护就"鞭长莫及"了，衰老和癌症便随之发生。琳达·卡尔森对 88 名乳腺癌患者进行了跟踪记录，四个月时间里，没有进行正念练习的患者，端粒长度呈现出明显的缩短，而进行了正念练习的患者，端粒长度却几乎没有太大变化。

冥想、禅修、太极、气功、瑜伽等正念练习，为什么会有如此

1　Perla Kaliman, et al. Rapid changes in histone deacetylases and inflammatory gene expression in expert meditators. Psychoneuroendocrinology. 2014 Feb; 40: 96–107.

2　Linda E Carlson, et al. Mindfulness-based cancer recovery and supportive-expressive therapy maintain telomere length relative to controls in distressed breast cancer survivors. Cancer, 2015, 121 (3) : 476–484.

神奇的作用呢？

我们都知道，所有意识活动都有物质基础，大脑高速运转一分钟，消耗的能量相当于一个白炽灯泡照亮一个小时，这一分钟要消耗大量的葡萄糖，要有神经元的传导、神经激素的传递等多种身体反应。密集的正念练习，通过高度集中注意力，改变大脑能量消耗方式的同时，还改变了基因的调控，人体细胞的命运也因此改变。

来自父母的遗传基因，一般是不太会大变的。但是，基因的表达却是瞬息万变的，这几年大热的表观遗传学，正是从基因的表达、甲基化等方面进行研究。我们开始越发明白了我们为什么会生病，为什么会衰老。不存在单纯的心理活动，因为心理活动必须消耗能量。所以冥想、禅修、太极、气功、瑜伽等正念练习，其不仅仅是"安慰剂效应"，而是通过改变基因表达的形式，让情绪稳定，让身体变得更为和谐，在亚健康甚至控制慢性疾病方面切切实实地起到作用。

2

罕见病不能轻视，虽难治但能预防

罕见病，又叫孤儿病，顾名思义，它在整个人群中出现的概率非常小，有一些病可能是我们闻所未闻、见所未见的。世界卫生组织对罕见病的定义是，患病人数占总人口比例 0.65‰ ~ 1‰ 的疾病，也就是说，罕见病的发生率不到千分之一，甚至有一些只有百万分之几的发病率，乍一看，罕见病对人类的影响并不大。

可真相如何呢？

目前已知的罕见病，有 8000 多种，包括"渐冻人"（渐冻症）、"玻璃人"（血友病）、"瓷娃娃"（脆骨症）、"木偶人"（多发性硬化症）等，每一种罕见病虽然患病人数不多，但与 7000 种这个数字相乘后，数量就不可忽视了。因而，自 2008 年起，各国联合制定了一个节日——"国际罕见病日"。"国际罕见病日"已得到了众多国家的拥护，并将其定于每年 2 月的最后一天。这个节日的倡导者是欧洲罕见病组织，据他们统计，全球共有高达 3 亿人口患有罕见病，单单中国的罕见病患者就不止 2000 万人。在我国，以千万新生儿为基数，出生缺陷的发病率在 5.6%，同时这些有缺陷的新生儿身体还会伴有各种各样的问题。

罕见病的威胁不容忽视，群体数量大是一方面，还有另一个令人触动的事实：几乎每个人身体里都有罕见病基因。

随着基因组技术的普及，我们越发理解了绝大部分的罕见病都是由染色体异常、基因缺陷所导致的。之前在《生命密码》这本书里，我给出了一份统计数据：平均每个人生来都有大约 7 到 10 个存在缺陷的基因，携带 2.8 个隐性遗传病的致病基因。我们最近的统计数据表明这个数据还是太过保守了。最新数据显示，平均每个人都会携带有 30 个遗传疾病的缺陷。如若父母双方恰好有着同一种基因缺陷，他们的孩子就有极大可能罹患罕见病。

无疑，一旦遇到罕见病，整个家庭都会遭受灾难性的打击，那我们能为此做些什么呢？

目前，不少国家推出了一些罕见病法案。全世界第一个立法的国家是澳大利亚，在 1977 年，就有相关法案出台。而在 1983 年，美国出台了孤儿药物方案，当时引起了很大的关注。通常，我们将治疗罕见病的药物称为 orphan drug，即孤儿药，美国联邦政府是鼓励各个药厂去开发这类药物的，并为其提供零期临床、优先快速审批、税收减免等一系列便利条件。当然，政府的鼓励是起到了一定的积极作用，直接或间接地促进了罕见病治疗领域的发展。

不过，罕见病治疗仍面临着残酷的现实难题。其难点之一在于同一种罕见病，患者的症状却不尽相同，有些患者的症状集中表现在血液系统，有些患者的症状集中表现在眼部。这对于临床医生来说，光是确认这是否为罕见病，就得费老鼻子劲了，更甭提去根治了。罕见病"缺医少药"的问题普遍存在，毕竟常见罕见病有 7000 多种，而其中只有 5% 拥有有效治疗药物，这意味着，绝大多数的罕见病患者因为找不到根治疾病的方法，而不得不长期忍受病痛的折磨。

在诊断难、治疗贵、缺医少药的当下，早预防、早发现、早干预、早治疗罕见病，是比较明智的对策。关于早发现，比较靠谱但尚未被广泛认知的做法是三级预防：第一级是在孕前夫妻双方做一次可能携带的缺陷基因筛查；第二级是让孕妇在产前做一次基因检测；第三级是待新生儿出生后再做一次基因检测。而针对患者，基因检测也大有可为，它不仅可以帮助患者找到致病因素、明确诊疗方向，还能通过现代医学手段进行有效干预或治疗。除此之外，基因检测配合辅助生殖技术，还可以帮助有罕见病家族史的夫妻生出健康的孩子。

我第一次接触罕见病是在 2008 年。有一天，公司收到了一个鱼鳞病妈妈发来的血书。我们一看到血书，第一反应是震惊，读了血书后，我们被深深震撼了。

血书里写道："我是一名鱼儿的妈妈（每个罕见病都有一个很好听的名字，鱼鳞病患者称呼自己是鱼儿），因为我是一名鱼儿，我只能找一个同为鱼儿的老公，我们的孩子，刚出生时是正常的，可几个月大的时候，我就发现她也开始长鱼鳞了。我这一辈子太不容易了，真不想孩子走我的老路。我每天都在纠结，是不是应该亲手掐死我的孩子……"

这位妈妈字里行间里的万念俱灰，让所有看到的人都唏嘘不已，可当时华大并没有好的治疗方案，我们能做的就是组织了一次捐款。

这位妈妈的痛苦一直萦绕在我们的心头，之后我们的一个实验室就开始了鱼鳞病的研究。六年后，也就是 2014 年，终于成功诊断出了大部分鱼鳞病的亚型。后来，我们以实验室一个研究员的名字命名了这项研究——"小明计划"，免费为鱼鳞病家庭做对应的变异筛查，轻度的、中度的，会给予对应的治疗；重度的，则想办法帮助他们生出一个没有鱼鳞病的孩子。进行到现在，这个项目非常有意义。

前面讲过，大部分罕见病是先天性的，因此有罕见病家族史的人，在婚前、备孕期间，做基因检测，排查遗传基因，是十分必要的。早期发现罕见病，通过医学手段及时干预，在孩子出生之前避免罕见病的概率比较大。这种方法能有效预防罕见病。

这一途径是已经得到实践证实了的：在犹太人中，曾广泛流传一种名为 TSD 的罕见病。TSD 也叫失明综合征，带有这种遗传性缺陷的孩子，在出生后，很快就会失明，随之而来的是各个系统器官的陆续衰竭，很多孩子寿命仅有 4 个月。这种疾病因为在犹太种族内高发，被称为犹太人的"民族病"。针对这种遗传病，犹太人团结起来，在犹太人聚居地进行了一轮产前筛查。要知道，当时的基因检测技术比现在落后很多，检测成本也很高，但犹太人还是倾尽整个民族的资源把这个事坚持完成了。后来，在北美地区，犹太人的TSD 发病率降低了 90%，如今已很难看到新发病例了。

当然，面对罕见病，基因检测这一工具很重要，全社会动员起来，认识这种工具，并且愿意使用这一工具，也很重要。目前，我国的基因检测技术已经可以检测出数千种罕见病，只不过，技术的普及率，特别是大众的认知率还不够，仍旧有大量罕见病患者没接触过基因检测技术，未来这种技术的推行和普及确实是任重而道远。

3

基因选择有逻辑，颜值决定免疫力

过去那些习惯批判"外貌协会"的人，通常会问："好看能当饭吃？"

不幸的是，在"颜值既正义""颜值就是生产力"的时代，长相好看的人越来越受欢迎，把颜值变现的途径越来越多，"好看"或真的可以"当饭吃"了。

其实许多生命领域的科研结果均表明：高颜值除了让人赏心悦目，让自己"有饭吃"之外，还有一个新的益处：那就是免疫力更高。

关于颜值的研究由来已久。演化论专家已有诸多证据表明，在人类演化过程中，人类的面部变得更加平滑，牙齿变小且向后缩，下颌后缩。整体来讲，人的脸越来越小，远不如之前那样粗犷，也就是大家所认为的"越来越好看"。至于什么是好看，每个人有不同的看法。不过有一条，大家达成了共识，就是越对称越好看。根据几何原理,对称代表着更为稳定;于个体而言,对称意味着和谐和健康。

另一方面,从达尔文到道金斯,生物学家们一致认为,外貌选择的背后,代表着健康的选择。纵观历史,不管是人类、鸟类,还是兽类,在选择漂亮伴侣的过程中,其实是在潜移默化地选择更优秀的基因。外貌选择、性选择背后反映的是配偶的生命质量,以及结合以后后代是否更健康,免疫性是否更强。

外貌、健康与免疫性一直处于理论假说层面。直到近年才有了可靠的研究支持。

2022 年 2 月 23 日,在一项发表于《英国皇家学会学报 B:生物科学》(*Proceedings of the Royal Society B: Biological Sciences*)的新研究[1]中,来自美国得州基督教大学的研究团队给出了一个非常有趣的结论:面部吸引力与免疫系统功能相关。

这项研究号称迄今为止最广泛的研究,研究拍摄了 159 名男性和女性(平均年龄为 20 岁)的面部照片,同时采集了血液样本。在固定环境下拍摄人脸时,要求全素颜、表情不悲不喜。

这 159 名参与者,全部没有肥胖病史、没有急性病史、没有慢性病家族史,也没有精神病家族史。参与者拍摄前保证不吃药物、不剧烈运动、不饮酒。其中 79 名女性,还被要求测试排卵周期,确保不受生理期性激素的干扰。

---

1 Summer Mengelkoch, et al. More than just a pretty face? The relationship between immune function and perceived facial attractiveness. Proc Biol Sci, 2022, 289 (1969) .

159 张面部照片，最终交由 492 名平均年龄 25 岁的参与者（其中 259 名为女性）进行吸引力评级。最终的研究结果显示，那些被评选为极具"长相吸引力"的人，具有相对更好的免疫功能，尤其是在细菌免疫方面。比如，白细胞的吞噬功能、嗜碱性粒细胞的数量、自然杀伤细胞的毒性均更高，而中性粒细胞的数量偏低。研究者认为，实验数据总体上可以支持"颜值高与免疫功能相关"的假设，但这个相关关系，并没有找到具体的影响路径。

在新冠病毒肆虐全球时，这项研究无疑非常吸引眼球。但不得不友情提示，这项研究受限于样本量、受试者选择标准和实验设计等多个因素，最终结论的科学性是有待商榷的。包括文中所说的免疫差别，或并没那么显著，可能不过就是些许的正常偏差而已。也就是说，该项研究并不足以确定人类美学存在的原因，以及面部吸引力是否服从于某一种演化的目的。后续还需要更大规模、更多深入的研究，以验证身体吸引力和免疫功能之间的确切联系。

归根结底，审美更多是一个主观话题，《聊斋志异》中的罗刹国不就曾"以丑为美"吗？还是费孝通先生讲得好：各美其美，美人之美，美美与共，天下大同。人只要自信就好看，奋斗的人最美。

4 /

孕妇感染娃自闭，粪菌移植出奇迹

2017 年 9 月 28 日，著名的《自然》杂志刊登的一篇研究文章声称[1]：女性在怀孕期间不幸感染细菌，胎儿有可能因此患上自闭症。

妈妈的肚子里的细菌会导致孩子患上自闭症，是不是挺不可思议的？更不可思议的是，科学家通过粪便移植疗法，将健康的细菌微生物植入自闭症儿童体内，竟然有效改善了儿童自闭症的症状。

前面也讲过，我们从来不是"一个人"，而是一个"人菌共栖"的生态系统。问题的关键是，母亲肠道里的微生物是怎么和孩子的精神发育产生关系的呢？

按理说，子宫和肠道微生物之间有重重阻隔，再加上现在的孕妇一般都能得到很好的照顾，营养有保证，也能做到远离化妆品、不抽烟、不喝酒、不撸串、不养猫、不养狗等，可以说细菌感染的

1 Sangdoo Kim, et al. Maternal gut bacteria promote neurodevelopmental abnormalities in mouse offspring. Nature, 2017, 549 (7673) : 528–532.

可能性很低，孩子在妈妈的肚子里是非常安全的。

不幸的是，尽管孕妈采取了足够的防护措施，但仍然无法阻止细菌的侵入。最明显的感染途径是血液—脐带—胎儿。妇科医生通常建议有怀孕意向的妇女在怀孕前先进行牙齿清洗。这是因为，孕期若出现严重的牙龈溃疡，细菌可能会从溃疡造成的疮口进入血液，并通过脐带进入子宫。尽管羊水环境原本含有细菌，但细菌含量通常被控制得非常低。外来细菌的感染可能会导致新生儿出现一系列先天异常或功能损坏。

肠道微生物对胎儿生长发育和智力发育的影响，远比我们料想的复杂。从事该项研究的人员发现，女性在孕期感染细菌微生物后，某些肠道微生物会促使免疫细胞产生大量的白介素 –17A。白介素的全称为白细胞介素，作为一种淋巴因子，它能激活免疫细胞，并调节身体免疫功能。白介素 –17 家族主要有 6 种：白介素 –17A、白介素 –17B、白介素 –17C、白介素 –17D、白介素 –17E、白介素 –17F。它们对人体既有积极的作用也可能有消极的影响，堪称一把"双刃剑"。比如，体内白介素 –17A 过高的话，某些疾病就会迅速恶化。[1]

同期之中还有另一篇文章[2]，讲的是研究人员识别出了与上述过程相关的特定脑部变化区域。研究结果表明，母亲在怀孕期间因为

---

1 Kim, S., et al. Maternal gut bacteria promote neurodevelopmental abnormalities in mouse offspring. Nature, 2017.

2 Yeong Shin Yim, et al. Reversing behavioural abnormalities in mice exposed to maternal inflammation. Nature, 2017, 549 (7673) : 482–487.

感染导致白介素 –17A 过高，致使大脑皮层 S1DZ 区出现了一些"斑块"，这些"斑块"类似于阿尔茨海默病或者帕金森病患者脑中的特殊斑块，它们正是新生儿自闭症的罪魁祸首。如果可以恢复这个区域的神经元的活动，就可以逆转这种行为的异常，呈现出明显的因果关系。[1]

两篇文章相互支持，分别从不同角度证实了这一观点：孕期女性感染细菌微生物是后代患自闭症的一个重要因素。但母体感染并非唯一原因，还需加上肠道微生物这个"帮凶"，才会导致新生儿有更高概率罹患自闭症。外来入侵的微生物感染加上肠道微生物配合，两者里应外合，携手攻击胎儿的中枢神经系统的发育，便造成了自闭症的发生。

肠道微生物与自闭症之间有着明显的关联，作用是相互的。所以，有科学家从这方面入手，将肠道微生物移植引入自闭症的治疗之中。

2018 年，亚利桑那州立大学的微生物学家罗莎·克拉伊玛尼克 – 布朗（Rosa Krajmalnik-Brown）与吉姆·亚当斯（Jim Adams）做了一项初步试验。他们对 18 名重症自闭症儿童进行了"便便疗法"。这些儿童年龄普遍在 7～16 岁，自闭的同时还都存在严重的肠胃问题。研究人员灵机一动，对他们进行了粪便移植。大致分为两大步骤：第一步是"大清洗"，采用强力的抗生素，杀死自闭症儿童

---

[1] Shin, Y. Y., et al., Reversing behavioural abnormalities in mice exposed to maternal inflammation. Nature, 2017.

肠道内的原有微生物；第二步是"大移植"，研究者从健康志愿者那里提取出健康的肠道菌群，然后移植入重症自闭症儿童的肠道。

单从这篇文章看，肠道微生物移植对自闭症的效果，可以用"惊艳"二字来形容。健康肠道菌群移植，大大缓解了自闭症儿童此前严重的胃肠问题。更让人感到意外的是，自闭症患者的神经系统症状也因为肠道菌群移植而得到缓解！83%的试验参与者，此前都属于严重自闭症患者；肠道微生物移植两年后，44%的自闭症患者恢复健康，22%的自闭症患者从重症变为轻症，只有17%的患者还是没有明显改善。

这个试验结果启发了很多业内人士，尹哥也注意到了国内有多家机构开始此方向的临床研究。尽管如此，但若想更深入地探究出微生物—肠道—神经系统症状间的关联机制，还是有相当长的一段路要走的。

5

有害突变亦有益？静待花开当可期

有这样一种说法：鱼的记忆只有 7 秒。只要稍微留意，我们就能发现，实际上，鱼是有长时记忆的。养在浴缸里的鱼，时间长了，主人喂食的时候，它会有类似于狗的条件反射，主人一靠近，它就立刻游过来，有时还会表现出跟主人打招呼的类似动作。

鱼尚且如此，那跟人有同样祖先的猴子会有怎样的中枢神经系统呢？有科学家饲养了一些猕猴，做了一系列的实验。一段时间后，科学家有了意外发现：他们在猕猴身上发现了抑郁等类似于人类的精神疾病症状。

科学家们发现，在封闭群体中的猕猴，有 20% 表现出抑郁的特征，它们待在母亲身边的时间更长，成年之后，会更加孤僻焦虑，拥有的同伴也更少。如果联想到人的话，就类似于妈宝，年龄很大了，依然很依赖母亲，生活在一个极其封闭的小圈子里。

1997 年，演化生物学家史蒂芬·索米（Stephen Suomi）和德国维尔茨堡大学的精神病学家克劳斯－彼得·勒施（Klaus-Peter Lesch）对猕猴进行了基因分析，并将文章发表在了 2002 年的《分子精神病学》（*Molecular Psychiatry*）上 [1]。

两位科学家总结了以下两个发现：

（1）猕猴和人类有共同的抑郁症基因突变；

（2）猕猴是非人灵长动物中分布最广的，人类在漫长的演化中成为地球的主宰，两者都表现出强大的环境适应能力。

他们大胆推论：抑郁症基因突变或是人类和猕猴拥有广泛适应力的原因。

这一大胆推论在行为遗传学领域掀起了一股不小的热潮。而加州大学戴维斯分校的杰伊·贝尔斯基（Jay Belsky）教授为这股热潮又添了一把火：贝尔斯基团队在研究先天基因与后天环境的交互影响关系时发现 [2]，先天携带抑郁症、多动症等精神疾病相关基因突变的人群，并没有像人们预想的那样，全部患上这些精神疾病。相反，他们中的很多人比没有携带致病基因突变的人更健康、更快乐。

的确，一个人携带一个"看似有害"的基因突变，他既可能成为病态的疯子，亦可能成为异于常人的天才，当然，也可能什么事都没有。从这个角度来讲，基因突变和相关疾病之间并不是简单的

---

1 M Champoux, et al. Serotonin transporter gene polymorphism, differential early rearing, and behavior in rhesus monkey neonates. Mol Psychiatry, 2002, 7 (10)：1058–1063.

2 J Belsky, et al. Vulnerability genes or plasticity genes? Mol Psychiatry, 2009, 14(8)：746–754.

因果关系，它要跟其他基因，包括周围环境来共同发生作用。

这也再次证明，基因宿命论是无法成立的，即使我们基因里有某种疾病的致病基因，不一定就有一个确定的结果。

以多动症为例，与多动症相关的一个基因被称为多巴胺受体 D4（*DRD*4），它又被称为多动症基因。在不同环境中，这种基因会有怎样的独特表现呢?

美国西北大学生物人类学博士研究生丹·艾森伯格（Dan Eisenberg）针对阿里亚尔人中的多动症基因携带者做了跟踪调查。传统的阿里亚尔人一般以放牧为生，他们不会在一个地方待很长时间，因为他们必须不断为牲畜寻找食物和水。实验证明，多动症基因在阿里亚尔人中更多地表现出有益的一面，他们比普通人更愿意离开家，并在迁移后更善于适应新的环境[1]。

荷兰莱顿大学的学者玛丽安·巴克曼斯－柯兰伯格（Marian Bakermans-Kranenburg）则从另一个维度做了研究[2]。她随机选取了157 个攻击性较强的儿童作为研究对象。研究团队把这些 1~3 岁的"暴力"儿童和他们的母亲分成了两组，其中，对照组没有进行任何干预，实验组对儿童的妈妈实施了观看视频、共情培训的干预。经

1　https://faculty.washington.edu/dtae/manuscripts/eisenberg%20and%20campbell%20 2011%20-%20the%20evolution%20of%20ADHD%20-%20artice%20in%20SF%20 Medicine.pdf.

2　Marian J Bakermans-Kranenburg, et al. Experimental evidence for differential susceptibility: dopamine D4 receptor polymorphism (DRD4 VNTR) moderates intervention effects on toddlers' externalizing behavior in a randomized controlled trial. Dev Psychol, 2008, 44 (1) : 293–300.

过一年半的实验之后，没有实施干预的儿童，没有太大变化；而母亲接受过干预的孩子，暴力行为减少了27%。

此外，基因突变方面的研究催生出了一个崭新的人类发展理论——差别易感性假说。

根据这个理论，科学家们把人分成两类：一类是蒲公英型；一类是兰花型。蒲公英型的人类似于野草，适应环境的能力很强，给点水就活，只是自身没什么亮点。兰花型的人有点金贵，对环境要求很苛刻，也就是俗称的矫情、不好养，但一旦环境适宜，兰花绽放的花朵能让蒲公英黯然失色。

我们无法强迫一个兰花型的孩子能像蒲公英一样适应环境，我们能做的是给予他们适宜的外部条件，他们就能绽放出兰花独特的美。

无论此刻的孩子有哪些令您头疼的问题，家长仍应该有这样的认知，给孩子一个适宜的环境，静待花开，他可能会成为一个像乔布斯这样的领袖，或者像爱因斯坦那样的天才。

6 /

孤独情绪需重视，易致轻生易传染

有报道称，2020 年日本全国的自杀人数比 2019 年多 750 人（3.7%），为 2.09 万人，且人数增加的原因是"新冠肺炎"疫情使人们的正常社交受到影响，更多人被孤独的情绪影响到了。

说起来，日本是有着"高自杀"倾向的国家，近些年在政府和民间组织的共同努力下，自杀现象有所缓解。然而，"新冠肺炎"疫情这个"黑天鹅"，让此前的努力付诸东流。面对再度升高的自杀率，日本政府在 2021 年 2 月的时候，特设了"孤独大臣"这一独特的新官职，它被寄予厚望。人们希望"孤独大臣"可以把自杀率降下去，提高日本国民的社会归属感。

可什么是孤独呢？究其本质，是一种心理落差——个体渴望拥有的强联结社交关系与现实弱联结社交关系之间的差距。人在渴望合群而实际交往后发现无法合群时，最容易产生孤独感。产生孤独感之后，一旦放大自己在社交中的无力感，就易干脆放弃社交努力，进入自我封闭模式中。

孤独不仅危害着人们的心理健康，还祸害着方方面面，影响深远。

无独有偶，早在 2018 年，英国就曾任命"孤独大臣"，成为首个有此任命的国家。而它的设立与英国工党议员乔·考克斯（Jo Cox）息息相关——他曾发布过一份研究报告，报告中给出了惊人的结论：孤独对健康的危害，相当于我们每天吸 15 支烟；各个年龄层的人都有可能感到孤独；孤独还会提高社会成本，雇主每年因为员工的孤独将付出 25 亿英镑的代价……

美国也很重视对孤独的研究，成果层出不穷。2018 年，芝加哥大学斯蒂芬妮·卡西奥波（Stephanie Cacioppo）教授主导的多项研究均有揭示[1]：长期陷入孤独状态，人体的免疫能力会有着明显的下降趋势；且孤独感会提升高血压、癌症、心脏病、中风等疾病的罹患概率，严重者甚至会危及生命。

孤独的危害性还在于其易感性和传染性。

2008 年，《自然·通讯》（*Nature Communications*）杂志上发表了美国加州大学伯克利分校的一项研究[2]，在这项研究中，神经科学家马修·沃克（Matthew Walker）和心理学家伊蒂·班-西门（Eti

---

1　John T Cacioppo, Stephanie Cacioppo. The growing problem of loneliness. Lancet, 2018, 391 (10119) : 426.

2　Eti Ben Simon, Matthew P Walker. Sleep loss causes social withdrawal and loneliness. Nat Commun, 2018, 9 (1) : 3146.

Ben-Simon）对 18 名志愿者进行了分组实验研究。这些志愿者原本都很健康，研究者让其中一组志愿者通宵熬夜，让另一组志愿者保持正常作息。在做了如此安排之后的第二天，研究人员才开始正式测试。

第一项测试是关于社交距离。研究人员分别让志愿者坐在原地，等着他人靠近，直到测试对象感到极其不舒服、要求他人不要再靠近的时候才停下来。在志愿者互动过程中，研究人员用功能性磁共振成像（fMRI）扫描仪器"记录"下测试对象的"不舒服"过程。研究结果显示，通宵熬夜者更抗拒他人的靠近，他们认可的社交安全距离比对照组远 18%～60%。

社交距离测试结束后，18 名志愿者在随后的单独采访中，讲述了他们实验过程中的孤独感和不舒服体验。此后，研究人员把这些采访录像，播放给 1033 名路人观看。结果很多人观看后表示自己感受到了志愿者的那种孤独感，之后再与人互动和合作的意愿降低了很多。

这个实验得出两个结论：第一，单单因为睡眠不足，人就会觉得孤独，不愿社交；第二，作为社会性物种的我们，很容易受到"孤独感"的传染。

这个实验从另一个角度告诉我们，睡个好觉是多么重要，我们睡好觉，自己情绪好了，也能把周围人带入好情绪。

7

不能加班我有理，基因评测来做证

网络公司程序员、网络直播女主播、电商平台实习生、青年创业才俊、医生……这几年，年轻人猝死的消息此起彼伏。

美国每年大约有 30 万人因心搏骤停而死亡，这种心源性猝死能占到总死亡人数的 15% 至 20%。它最令人恐惧的地方在于发病前症状隐秘，不容易被提前预防，发病后，有效抢救时间短暂，因而致死率非常高。

很多人把"996"工作模式（每天早 9 点到晚 9 点，1 周工作 6 天）视为猝死高发的原因之一。但除了"996"工作模式外，工作的心情也很重要。有些人每天为理想奔波，废寝忘食，同时很有成就感，每天在希望里睡去，又在希望中醒来；有些人每天身体在加班、精神在被摧残，心情沮丧隐忍，每天都处于被憋到内出血的状态。

可在猝死的案例中，还有这样一批人，他们热爱工作，平时注意锻炼，身体也很健康，生理化指标完全正常，心肺功能也很好，却偏偏因为心脏猝死丢了性命。

同样各方面都很健康的两个人，为什么一个能很好地适应"996"生活，一个就不适应呢？

这可能跟先天基因有关。有统计数据显示，每 4 个心源性猝死的人当中就有 1 例是基因缺陷导致的。

科学已经证实了，心脏的跳动跟钠钾离子泵的平衡有关，心脏细胞内外不同水平的钠离子和钾离子允许电脉冲引起它们的收缩并驱动心跳。在这个过程中，如果由于基因缺陷导致钠钾离子泵机制受损，这个人可能因一个诱因而突然心搏骤停。实际上，他没有任何器质上的损伤，也没有血管堵塞、破裂等问题，这种情况就类似于心脏突然停电，如果没有得到及时复苏救助，一个生命就这样没了。

这个诱因可能是连续的熬夜、加班、高负荷的工作；可能是在长期的抑郁中突然兴奋了，也可能是一次极限运动，如果我们是猝死基因的携带者，恰好碰到匹配的诱因，猝死就可能猝不及防地发生了。

2022 年夏，洛杉矶西达赛奈医疗中心斯密特心脏研究所的研究团队在《美国心脏病学会杂志》（*JACC*）上发表了一项研究[1]，结果显示：在 5000 多名没有严重收缩功能障碍的患者中，基因风险评估得分高的人，猝死概率比评分低的人高了 77%。也就是说，我们通

1　Roopinder K Sandhu, et al. Polygenic Risk Score Predicts Sudden Death in Patients With Coronary Disease and Preserved Systolic Function. J Am Coll Cardiol, 2022, 80 (9) : 873–883.

过基因风险评测，可以识别出心脏性猝死风险最高的患者。这些人平时注意避免进行诱发猝死的活动，时刻准备好猝死后的急救措施，就能为个人的健康上道"保险"。

故而这样的场景就有望出现——老板说"今晚加班"，你随手拿出"猝死基因证"，告诉他"我是猝死基因携带者"，接着老板就会二话不说立刻取消了你的加班安排。

归根结底，生命是一场长跑，我们不能把最美好的青春奉献给一些虚无缥缈的东西，还是健康长寿更重要。如果你是猝死基因携带者，就不要轻易去做生命的冒险。好消息是，是否为猝死基因的携带者，其实是可以检测出来的。云南瑞丽已举办过多届"一马跑两国"的跨年马拉松了，我们华大每年都对此活动进行一些捐赠，其中一项就是帮助马拉松运动员提前检测是否携带不适合参与极限运动的猝死基因。

总之，面对猝死危险，我认为最好的应对方式就是，每个人既要惜命，又要科学地去面对自身的先天条件，把自己的生活规律调整好，这才是最和谐的相处之道。对于心源性猝死，我们现在能测的依然是很小一部分，更多的基因缺陷尚待进一步破解。再者，即便你检测出来，不是那1/4的猝死基因携带者，也不要心存侥幸。毕竟基因检测不是万能的，现在基因检测能够检测的也极其有限，未知的领域有多大，没人知道。好好对待你的身体，没事少熬夜或做极限运动，方为上策。

8 /

胖了真的会变笨，身体健康有风险

一直以来，我们都认为肥胖可能会引起各种身体疾病，如高血压、高血脂、高血糖等代谢相关疾病，但很多人可能没有意识到肥胖也会影响智力。最近的科学研究指出，肥胖真的能影响到大脑。

2022 年年初，加拿大麦克马斯特大学的研究人员在 *JAMA Network Open* 上发表重要成果[1]，该项研究指出：人的体脂率每提高9.2%，或者内脏脂肪每增加 36 毫升，大脑就会衰老 1 年。

这里面提到的内脏脂肪到底是怎么产生的？又有什么样的危害呢？

须知，吃不饱的时候，物种是很难去积累脂肪的。大家看一看野生的狼就知道了，基本上都是瘦骨嶙峋的。可是人类一旦吃饱了以后还倾向于多吃，但基因天然是为挨饿而准备的，所以一旦吃多

---

1 Sonia S Anand, et al. Evaluation of Adiposity and Cognitive Function in Adults. JAMA Netw Open, 2022, 5 (2) .

了，往往难以迅速代谢掉。而这部分过多且无法及时代谢掉的食物，最终会转化为脂肪并长久储存在人体内。

人体的多个部位都会堆积脂肪，比如说皮下脂肪、内脏脂肪。有研究发现，上臂的皮下脂肪有助于保护身体的健康。但内脏脂肪，非但对健康无益，反而还易招致动脉粥样硬化、心血管疾病等诸多疾病。

在这篇文章里，作者直接把内脏脂肪和认知关联在一起了。此项研究之所以会引起全球关注，是因为它的样本量高达近万人、纵向追踪研究时间长达八年。此外，研究者还特别排除了临床诊断中有心脑血管疾病史的患者。

在实验设计过程中也可谓煞费苦心：研究者对 9189 位受试者用生物电阻抗法进行了体脂肪含量分析，并通过核磁共振成像（MRI）评估了 6773 位受试者的内脏脂肪体积，从而获取到了精准的脂肪分布及含量数据。

此外，研究人员利用 MRI 评估了脑血管的损伤情况，对脑白质高信号及静息性脑梗死等相关的 MRI 征象进行了特别关注。

从最终数据看，女性体脂率较高，可以达到 35.6%，男性较低，仅为 25.1%。但内脏脂肪含量却反过来了，男性较高，达到了 83.6±39.8 毫升，而女性的内脏脂肪含量是 61.4±30.3 毫升。

研究人员根据这组数据分析发现，体脂率高及内脏脂肪含量高的人，患高血压、糖尿病的概率更高；脂肪含量高，脑血管损伤的风险和脑梗死检出率更高。

　　该项研究证实过度肥胖肯定会导致认知下降，而且它是一个独立的危险因素，跟教育程度、心血管风险及脑血管损伤等没关系，即单纯的胖就有可能给人带来诸多负面效应。因此，希望那些 BMI，即身体质量指数略微高的朋友，能够高度重视自己的腹部脂肪，管好嘴，迈开腿，加强运动锻炼，加强饮食结构调整。

　　不过，为了减肥，有些人也开始找"捷径"，把目光盯在减肥药上，甚至在《科学》杂志公布的 2023 年度十大科学突破中，新型减肥药还被授予"年度突破冠军奖"，其中不得不提的就是"减肥神药"司美格鲁肽。

　　司美格鲁肽原本是一款用于治疗成人 2 型糖尿病的降糖药，在被埃隆·马斯克宣传有减肥效果后就华丽跨界为减肥药。但在越来越多人开始注射司美格鲁肽减肥后发现，此举并非一劳永逸，而是需要配合饮食以及生活方式的管理。一旦停止用药，反弹的可能性更高。除了有恶心和其他胃肠道问题的并发症外，2023 年 10 月，加拿大团队的报告里还显示，司美格鲁肽会导致肠梗阻和胰腺炎的概率增加。

　　所以啊，千万不要追求什么高性价比减肥法，做"坐躺瘦"的美梦。

9

少量饮酒防中风，过量却会伤肝脏

2014 年 7 月 16 日，《国际心脏病学杂志》（*International Journal of Cardiology*）的一篇研究文章声称[1]，少量饮酒（每天饮酒量控制在 20 克酒精以内）可能有助于避免中风。这则消息立刻引起了"酒友们"的狂欢。既然适量饮酒有益，是否意味着可以尽情饮酒呢？这些人显然没有细看研究的后半部分结论：饮酒太多会有反效果，一旦每天超过 20 克（酒精），饮酒量越高，罹患中风的风险和因中风而死亡的风险就越高。

过量饮酒，肯定会对健康构成威胁，这是毋庸置疑的，我们都知道饮酒伤肝，那么饮酒为什么会导致肝损伤？

饮酒时，除了胃，肝脏和肠道一样跟着"受伤"。肝脏和肠道作为重要的消化器官，它们之间需要密切的交流和互动，这种关系被

---

1 https://www.health.harvard.edu/heart-health/one-drink-a-day-might-prevent-a-stroke-but-dont-overdo-it.

称作"肝—肠轴"。"肝—肠轴"的相互作用是通过血液流动来实现的，肝脏是人体最大的内脏器官，血液供应非常丰富，所以中医有"肝主血"的说法。肝的"把门"血管——门静脉负责把肠道中含有营养的血液带到肝脏之中，肝脏会对这些物质进行"加工"，然后将胆汁和抗体分泌"反馈"给肠道。

人体的健康离不开肝脏和肠道之间的精密调控。我们都知道，中国人现在血糖普遍偏高，血糖偏高的人群早就超过了一个亿；包括成人脂肪肝在内的代谢性疾病的患病率，已经达到12.5%~35.4%。我们可以取25%这个中位数，也就是每4个成年人中可能就有1个脂肪肝患者。轻度脂肪肝患者如果不注意养护，肝脏虽可以勉强工作，但如果病情继续发展，控制得不好，慢慢就会演变成肝纤维化、肝硬化等，这个时候再想逆转，或者说想治愈，就非常难了。

细说起来，脂肪肝可以分为很多种。不过临床医学将脂肪肝笼统地分为两种：酒精性脂肪肝和非酒精性脂肪肝。酒精性脂肪肝比较好理解，顾名思义，是与长期喝酒密切相关，酒精在肝细胞内代谢出毒性物质并引发肝脏代谢紊乱是主要诱因；非酒精性脂肪肝与遗传因素、不良饮食习惯、营养不良、药物依赖以及菌群失衡等多种因素有关。这两种脂肪肝的病因虽有不同，但是从"肝—肠轴"的角度来看，两者都会出现相同的特征。比如，不管是因还是果，其肠道菌群最后都会失调，肠壁的通透性都会增加，而胆汁酸、乙醇和胆碱的代谢物也发生了改变。

不管是酒还是高热量饮食，都要进入消化道，酒精、糖和油脂代谢也都要去"麻烦"肝脏，所以"肝—肠轴"受影响不难理解。但这里面存在一个问题：酒精肯定会影响肠道菌群的组成和构成。可是，酒精基本上在胃和小肠上端吸收，而肠道菌群并不在胃和小肠的上端聚集，它们基本上是在大肠当中。也就是说，酒精并没有直接接触到肠道菌群，为什么能引起菌群改变？

科学家一直没有放弃对此问题的研究。2022 年 8 月 8 日，美国研究人员在《自然·通讯》杂志上发表文章[1]称，他们找到了酒精是如何对肠道菌群"隔山打牛"的原因。

具体来说，乙醇不会被肠道菌群直接代谢，但是乙醇会在肝细胞中代谢出乙酸盐，而乙酸盐扩散回肠道，成为引起肠道菌群改变的一个关键。什么是乙酸？其实就是醋酸。乙酸盐也叫醋酸盐。

乙酸结构含有两个碳。正常情况下，乙酸盐对细胞具有一定的营养作用，特别在我们的食欲调节、免疫平衡、能量代谢当中，它是有作用的，对人体是有益的。但是，过犹不及，乙酸过量会引起和疾病相关的代谢改变，比如引发癌症、肝损伤。

这个实验发现，用酒精去饲喂小鼠，小鼠肠道当中拟杆菌的丰度显著增加了，并且会激活乙酸的异化，从而导致小鼠身体当中乙酸盐的含量进一步增加，形成了恶性循环。注意，这里菌群并没有直接去代谢酒精，它是通过乙酸盐在血液中循环再扩展到肠道，经过酒精的"火上浇油"，激活了更多乙酸盐的生成。在大量单一的

---

1 Cameron Martino, et al. Acetate reprograms gut microbiota during alcohol consumption. Nat Commun, 2022, 13 (1)：4630.

乙酸盐"肥料"滋养下，最终肠道菌群"顶不住了"，就带来了菌群失调。

为了进一步确认，研究者还做了对照实验，给小鼠补充了三乙酸甘油酯。追加实验结果发现，三乙酸甘油酯也能增加小鼠体内乙酸盐的水平，进而也会引起肠道菌群的改变。这就证明：不仅仅是酒精，凡是能引起乙酸盐增加的因素，都可能是肠道菌群失调的"罪魁祸首"。但是，研究也发现，如果在没有乙醇摄入的条件下，因为乙酸增加而引起的菌群变化，并不诱导肝损伤。我们终于明白了，乙酸盐升高的一个可能副作用就是导致肠道菌群紊乱，但至少对这个案例来讲，它是"果"，并不是"因"。"因"还是过度饮酒，如果肠道菌群只见乙酸盐而未见酒，就不会导致我们"肝、肠、菌俱伤"。

适量饮酒，全世界人类都会为此快乐和上瘾。甚至很多动物也都会受到致幻植物的影响，甚至沉迷。养猫的人都知道，有一种宠物食品叫猫薄荷，猫薄荷会让很多猫"欲罢不能"。猫吃了以后，就和人喝多了酒一样，兴奋地打滚儿。这是因为，猫薄荷当中含有一种致幻成分——荆芥内酯。荆芥内酯会对与大脑相连的感觉神经元产生刺激，猫食用后会出现幻觉，进而出现超兴奋的行为。因此，给猫吃猫薄荷也得适量，否则它就会上瘾。同样道理，我们人类喝酒也要去限量。

小酌或许可以怡情，但是大酌一定会伤身。喝酒的人很多时候并不是为了拼酒，有时候仅仅是想通过酒精舒缓情绪，调节气氛，增加沟通和交流的融洽度。总之，建议大家不要互相灌酒，毕竟对身体和大脑都不好。最后提醒一下，发现自己有脂肪肝的朋友，哪怕是轻度的，也请重视起来，限酒、调整饮食，尽可能让肝脏能够"清清爽爽"地去工作，尽早恢复健康。

10

东方吃素肠子长，西方吃肉肠子短?

有一种说法，身高 1.8 米的西方人，肠子长度平均为 3.5 ~ 5.4 米，所以他们可以吃大量肉食、冷食；而亚洲人中身高 1.7 米的人，肠子长度平均为 5 ~ 8.3 米，肠子要更长，适合吃素食，所以西方饮食不适合亚洲人。是真的吗?

其实呀，这种说法的原型大概来自动物世界。在体形差不多的情况下，食草动物的肠道确实比食肉动物更长。这是因为植物富含纤维素，其化学性质远比肉食里的蛋白质和脂肪更加稳定、更难消化，所以食草动物的肠道需要更长才能完成消化任务；肉食动物消化食物主要依靠胃酸、蛋白酶和脂肪酶，很快可以将蛋白质和油脂分解吸收，所以肠子短一些也无妨。

但是，上述比较是发生在完全不同种类的生物之间，而东西方人都属于"人类"，并不是不同的物种，身体结构差异并没有这么大。而且受到经济和畜牧业发展的影响，近 50 年来全球肉类消费量才逐步提升，饱受诟病的西式饮食也是实现吃糖自由、吃肉自由后的产物。

再者，饮食结构不可能让人的肠道快速"变异"，所以网上流传的那些说法并不可信。你想，如果身体这么容易"变异"，爱吃素的人是不是也该长得人高马大？

那东西方人的肠道到底有多长？

从以往的文献来看，中国成人的小肠长度平均为 5.26 米，大肠长度一般 1.5 米左右；西方人的肠道反而更长一些，小肠长度平均为 6 米，大肠长度约 1.5 米。不过，不同研究的测量结果虽有一些差异，但人类的肠道总长度不可能只有 3 米、5 米，并且东西方人的肠道长度也没有显著差异。

2014 年有一项研究分析了肠道长度与身高的关系，发现我们人类的肠道长度与身高之间存在相关性，或许是因为肠道承担着为全身吸收营养和水分的重任。

这也很合理，身高不同，身体对营养的需要、热量的消耗等方面也会不同，肠道身为重要器官更要配合身体需要；以往也有研究发现，中国男性的小肠和结肠都比女性相对长一点，亦是与身高相关。再者，东西方人饮食习惯不同，国人确实对蔬菜的热爱更强烈，提倡吃应季蔬菜，而西式饮食中则肉类占比更高。东西方人面临的一些健康风险也不同，比如乳糖不耐受、营养代谢疾病、肠道疾病等。

不过，东西方人肠道长短虽然没有明显差异，但里面的菌群却有很大不同。

2016 年有研究提出，亚洲、美洲和欧洲的人群肠道菌群存在明显差异，这也是不同国家地区的人健康风险不同的重要原因。华大在 2014 年发表的一篇重磅研究（MetaHIT 第二阶段项目）也提到亚洲人群与欧洲人群肠道菌群存在差异。中国人和丹麦人肠道菌群的物种组成和功能组成上都存在显著差异，例如丹麦人肠道中普遍富含厚壁菌，而中国人富含变形杆菌。这会导致不同人群的能量、碳水化合物、氨基酸、维生素等代谢情况存在差异。

所以，不同国家和地区的人的差异是由先天因素（基因）、后天因素（饮食文化、肠道菌群等）和生活环境共同决定的，并不取决于肠道长度。

此外，肠道还会影响你的某些想法或情绪，这也与肠道菌群有关，它与大脑沟通的方式叫"脑—肠轴"。举个例子，90% 的血清素从肠道产生，这是一种神经递质，也是肠道菌群的有心之举，目的是要与迷走神经（神经系统信息的"高速公路"）交流，间接影响我们的情绪与精神健康。肠道菌群还会借助这种方式"告诉"大脑选择哪些食物，如果你经常吃的某种食物，也会喂养爱吃这种食物的细菌，它就会天天发消息给大脑来让你继续选择这种食物。

所以，肠道确实有点"小心思"，但远远比不上人的"花花肠子"。

11 /

换血实验大成功，返老还童不是梦

换血治病，在东西方文明中，存在着各种传说。在古罗马的斗兽场中，浴血奋战的角斗士才刚刚倒地，许多癫痫病患者如野兽般蜂拥而上，喝起了角斗士伤口流出的殷红血液，希望能够治愈癫痫。而大文豪鲁迅在他的短篇小说《药》中就有讲到，茶馆主人华老栓夫妇，为了给儿子小栓治痨病，特意到刽子手康大叔那里买"人血馒头"做药引。"人血馒头"的"治病原理"本质上也是换血——用健康人的血来改善病人的血液系统。这些都不够疯狂，现在很多爱美人士已经开始通过换血的方式来延迟衰老了。

现在，全球老龄化时代正快步奔来，再加上青年中的"熬夜党"越来越多，大家都很惧怕衰老。越来越多的资本和机构开始集中研究抗衰老，让"长生不老"这个古老的话题再次成为时代热点。

衰老是我们每一个生命都必将经历的生命历程，没有人能逃得掉。随着时光的流逝，我们皮肤的皱褶、瘢痕，都会越来越多，我们的运动机能也会逐渐减退，各种疾病和伤痛也都会高频出现，我们的身体会越来越弱。因此，自古至今，关于"长生不老""返老还童"的神话就从未间断过，且这样的美好愿景一再出现在各大文学作品中，比如《西游记》当中，几乎所有妖怪的共同梦想都是"吃唐僧肉"，只为能长生不老；《天龙八部》中，天山童姥想尽办法练功，也是为了长生不老。

可惜的是，数千年过后，人类追求"长生不老"的梦想，一直没有得到实现。好消息是，随着生命科学的迅速崛起，人类的这一夙愿或可实现。

2012年，日本山中伸弥教授和英国医学教授约翰·格登（John Gurdon）共同荣获当年的诺贝尔生理学或医学奖，他们的成就是在干细胞方面有一系列发现。自此之后，更多的科学家纷纷把"返老还童"的期许押在干细胞上，想通过诱导多功能干细胞，将已经不能够再进行分化的终末细胞逆转为干细胞，进而成为修复人体发热系统的万能"种子"。

近年来，新的研究开始把关注点放到了衰老的机制上，也就是说，想彻底了解我们为什么会变老。随着年龄的增长，我们的肌肉为什么会变小变弱？受伤之后的愈合能力为什么越来越差？它背后的原因到底是什么？

2021年12月，美国匹兹堡大学的研究团队在《自然·衰老》杂志上发文[1]指出，老年小鼠的肌肉会出现功能下降和肌肉修复受损等问题，而这些都跟细胞外囊泡有关。

细胞外囊泡是从细胞中分泌出来的小囊泡，它的直径在 30～50 纳米。别看它微乎其微，作用却很大，被称为细胞之间的"快递员"。细胞外囊泡的主要职责是把蛋白质、脂质、DNA、RNA 等多种物质，从一个细胞转运到另外一个细胞。和其他"搬运工"不一样的是，细胞外囊泡可以激活靶细胞，参与到细胞间的调控，进而对人体免疫力产生作用。

匹兹堡大学的这项研究发现，细胞外囊泡负责押运的"物品"当中有一种名为克洛索（Klotho）的抗衰老蛋白，正是因为细胞外囊泡孜孜不倦地把克洛索蛋白的 mRNA 传递给肌肉细胞，人体肌肉才得以再生。此外，肌肉损伤后，也是因为细胞外囊泡及时补充进来克洛索蛋白，肌肉才得以修复。可以说，克洛索蛋白是肌肉细胞再生能力的重要调节器。然而，随着人体变衰老，血液当中的克洛索蛋白的 mRNA 会跟着降低，细胞外囊泡可输送的克洛索蛋白的 mRNA 越来越少，这导致的直接结果就是，人体肌肉再生能力和损伤后的修复能力，会随着年龄的增长，变得越来越弱。

这项最新研究建立在几十年前的研究基础上。在此之前，有多项研究表明，年轻小鼠的血液能有效提升老年鼠的认知能力。这个实验的设计是这样的：实验人员先从身强力壮的年轻小鼠身上抽出

1 Amrita Sahu, et al. Regulation of aged skeletal muscle regeneration by circulating extracellular vesicles. Nat Aging, 2021, 1 (12)：1148–1161.

血液，等血液凝固后再经过一番操作，分离出血清，然后把血清注射到老年小鼠的肌肉损伤部位。实验结果证实，年老小鼠在换了血清之后，损伤肌肉得到明显的修复，肌肉的再生力也有了提高。

那究竟是什么成分导致的此种现象呢？研究人员进一步去除血清当中的细胞外囊泡，结果年老小鼠的肌肉改善并不明显。于是，老鼠"返老还童"的关键被锁定在细胞外囊泡实验。在这个认知基础上，科研人员进一步挖掘出了"克洛索蛋白的 mRNA 水平巨大变化"这个重要遗传信息。

通过这些研究不难看出，细胞外囊泡确实在换血过程中扮演着重要角色，这就为延缓衰老提供了明确的方向：将细胞外囊泡当作治疗药物来延缓衰老。

类似的研究还有不少，另外一篇有代表性的文章，是由加州大学旧金山分校领衔，于 2020 年 5 月发表在 *bioRxiv* 杂志上的论文[1]。该论文指出，失去行动力的年老小鼠，在注射了年轻小鼠的活力血清后，大脑得以"重启"，并表现出"返老还童"的行为。在此过程中，肝脏所分泌的一种名为 GDLD1 的蛋白质起着关键作用。

必须强调的是，这两项研究成果都是基于小鼠，而并非人类。那么这个有效的结论在人类身上好不好用，未来可不可能应用到临床，这既有技术上的鸿沟，更有巨大的伦理争议。别忘了当年的瘦素，也是在小鼠身上管用，到了人类身上就无效。前不久，也看到

---

1 Steve Horvath, et al. Reversing age: dual species measurement of epigenetic age with a single clock. Preprint at bioRxiv, 2020 (https://doi.org/10.1101/2020.05.07.082917).

了因"三代换血"而声名大噪的亿万富翁约翰逊，其在社交媒体上称"换血对自己没有任何好处"。所以只能说，抗衰老的研究方面已经出现了新的曙光，至于路将走向何方，当拭目以待。

12 /

越睡越累咋回事？好好学学白居易

人的一生看似漫长，但有 1/3 的时间是和床在一起的，所以睡觉才是我们需要迫切关注的头等大事。大家都知道熬夜的危害，也渴望睡个好觉，但有了智能手机之后，现代人似乎越来越难睡个好觉了。

意识到睡眠重要性的人，已经开始努力改变了，熬夜习惯在逐渐调整，但新的问题又来了：当闹钟响起的时候，总是感觉没睡够，睡意深沉不愿起，强迫自己起来后，一整天都很疲惫。越是睡越感觉累，越是累越想要睡，最后变成了一个死循环。

那么，为什么越休息越累呢？先来看看，你是不是在"假休息"呢？玩手机、打游戏，可不一定就是休息。比如，打网络对战游戏，它是在不断消耗能量的。在这个过程中，大脑会不断累积大脑腺苷。大脑腺苷浓度越高，人就越困，这个时候人当然想睡觉了。睡觉用一种简化的化学方式来理解，就是清除腺苷的过程。也就是说，好好睡觉才能好好由脑脊液"洗脑"。

2019 年，美国波士顿大学的科学家们还首次拍下了此番"洗脑"的详细过程[1]。这让我们第一次知道了，当血液充满大脑的时候，脑脊液是进不去的，而每当血液大量流出的时候，脑脊液就开始"鸠占鹊巢"，迅速充满了整个大脑。

那么脑脊液进去干什么呢？其实脑脊液进去以后会清除毒素，比如说清除导致阿尔茨海默病的叫作 β-淀粉样蛋白这种清洗，根据目前的实验必须睡着了才能做到。而在没睡着或者是睡眠质量不高的时候，因为脑子里面始终是血液占据了主流，就像白天脑脊液就不会清洗，这些"清洁剂"没有机会进去帮你清理垃圾。看起来是个很简单的事情，实则这一重大发现，完全依赖于功能性磁共振和我们在脑科学研究方面仪器和工具的巨大进步。此外，另有研究还发现，在此过程中，类淋巴系统会将干净的脑脊液冲进大脑，接着与富含细胞代谢废物的液体进行混合，随后才将其带出大脑进入体循环。如此循环往复，就能在很大程度上减少脑中严重损伤大脑细胞功能的垃圾含量[2]。在这个条件下，人会完成若干个完整的睡眠周期，会经历深度睡眠，于是活力满满。而熬夜之后，腺苷积累会增多，需要更多时间来复原。如果腺苷清除不足，会导致两种反应：

1　Nina E Fultz, et al. Coupled electrophysiological, hemodynamic, and cerebrospinal fluid oscillations in human sleep. Science, 2019, 366 (6465)：628–631.

2　Laura Bojarskaite, et al. Sleep cycle–dependent vascular dynamics in male mice and the predicted effects on perivascular cerebrospinal fluid flow and solute transport. Nat Commun, 2023, 14 (1)：953.

一是你能明显感觉到睡眠时间不够，哈欠连天；二是虽然你的睡眠时长足够，但深度睡眠时间却不多，也就是说，大部分时间仍处于浅睡眠状态。睡觉时长不是休息好的关键。关键在于有效睡眠时间是多少。

那么，如何才能保持有效睡眠呢？唐朝有三个著名的诗人，我们分别将其称为"诗仙""诗圣"和"诗魔"。其中"诗魔"白居易，爱写我们今天说的口水诗，或者称之为"唐代的流行歌曲"。他有一首诗叫《食饱》，这样写道：

食饱拂枕卧，睡足起闲吟。

浅酌一杯酒，缓弹数弄琴。

既可畅情性，亦足傲光阴。

谁知利名尽，无复长安心。

从这首诗中，我们不难看出，白居易倾向于通过休息来舒畅心情，调养身心。他的这个睡眠原则，结合现在的研究，其实很有参考意义。

第一，"睡足再起来"。要知道白居易身体并不好，体衰多病，所以白居易"睡足起闲吟"，他不会起得过早，甚至他比普通人起床更晚。白居易是在确保自然醒、睡眠充足的前提下才起床的。

第二，"饭后午睡"。我们说晚上睡眠固然重要，但是午后小憩也是一个不错的习惯，受外部环境的刺激、身体的自然反应、内在心境的影响，午休很有必要。白居易也会在"浅酌"后顺其自然地进入睡眠状态，这也是古人养生一直在提倡的。

第三，"随时补觉"。我也有这样的习惯，有时候堵车了，我会闭眼小睡。人犯困的时候，实际上是身体在给人发出一个信号：你的大脑腺苷又累积过多了！这个时候你可以顺其自然地补觉，很快就能恢复精力。不过一定要注意，补觉时间最好不要超过 30 分钟，否则晚上失眠，得不偿失。

第四，睡觉前不要玩手机和电脑，因为它们会发出蓝光，蓝光会使大脑更兴奋，且容易导致早醒。与其他波长相比，蓝光会更影响褪黑素的释放，这就意味着睡眠潜伏期会更长，同时深度睡眠也会随之减少。即使我们有足够长的睡眠时间，可睡眠质量却很差。所以建议在睡前两小时尽量不要接触电子设备。如果必须要用，调成夜间模式，把屏幕的亮度调低，调整屏幕的颜色，比如红色和黄色的波长相对较长，对褪黑激素影响相对较小。

第五，不要强迫睡眠。正常睡眠的潜伏期是一刻钟。一般人一刻钟差不多能睡着，如果入睡困难，实在受不了，就赶快起床，改变一下环境，做一些小事情，比如看看书，特别是很难理解的书，催眠一下。

第六，不要依赖饮酒来帮助睡眠或者避免借酒助眠。睡前饮酒可能会让人很快入睡，但通常是浅睡眠。虽然喝酒可能会让人感觉更容易入睡，但睡眠质量会大幅下降，所以我并不建议睡前饮酒，包括喝少量红酒。

第七，保持固定的睡眠时间。正常的睡眠周期大概是一个半小时，设定闹钟可以设成 90 分钟的倍数，避免在深度睡眠的时候被闹钟唤醒。比方说，一个睡眠周期是一个半小时，那五个周期就是七个半小时。如果你在半个小时之内可以入睡，加在一起就是八个小时，就达到了充足的睡眠时间。可以晚上 12 点睡早上 8 点起，或晚上 11 点睡早上 7 点起，尝试固定化。同时，不要赖床，当晨起闹钟响后，就算赖床睡着，也是低质量的浅睡眠。

第八，保持肠道菌群健康。肠道菌群通过"脑—肠轴"这种方式来影响睡眠，而睡眠反过来也可以影响菌群。如果肠道菌群失调，包括 5- 羟色胺减少，影响了血脑屏障的通透性，就会导致睡眠质量下降。现在越来越多的证据表明，通过服用益生元或益生菌，来调节人体肠道菌群，在一定程度上可有效改善睡眠。同时，尽量不要在睡前吃夜宵，记住，如果你的胃肠道还在继续蠕动工作的时候，你也睡不好觉。

关于睡眠，其实还有很多办法，关键不是办法多少，而是执行到位。希望大家都有一个好梦。

第四章
基因与遗传

1

婴儿气味有奇效，爸爸温柔妈暴躁

前面提到了那部经典的电影，名为《闻香识女人》。而在平时生活中，闻香识家人倒是不算啥新闻。假期里，回到老家，走进家门，人立刻就会放松下来，整个情绪都变了。很多人没意识到，每个家庭都有自己独特的味道，每个人也都有自己的体味，习惯了可能感觉不到，就像尹哥小时候搂猫睡觉，同学一直说尹哥身上有"猫味"，但尹哥自己却闻不到。我们也会有这样的经历，走进一个陌生家庭的时候，第一反应就是闻到一种陌生的味道，感觉哪儿哪儿都不自在。

佛家讲人有六识：眼识、耳识、鼻识、舌识、身识、意识，这六识是我们与外界建立联系的通道，其中鼻识是一个非常特别的存在。

人的眼睛可以轻易识别色彩。因为五彩缤纷的颜色都是以光波的形式出现的。和声波有频率类似，光波也有频率，光波的频率表现出来的就是光的颜色。光波频率高低不同，经过人眼在脑内就形成了红、橙、黄、绿、蓝、靛、紫这几种颜色。而这些颜色正好都在人眼能感知的频率范围内。相比之下，鼻子面临的化学世界要复杂得多，气味有数以百万计不同种类，每种气味都由数百个分子组成，在形状、大小和属性上都有很大的不同。

美国洛克菲勒大学的神经科学家凡妮莎·鲁塔（Vanessa Ruta）曾有讲及[1]：嗅觉系统的工作机制和其他感官有所不同的根源在于，它是用少得可怜的嗅觉受体来识别海量气味分子，这就迫使嗅觉系统必须不断演化出新的应对机制，确保每个珍贵嗅觉受体能够尽可能多地容纳气味分子。

嗅觉系统在生物界中可是起着巨大作用的。一个兔宝宝，假如被陌生的兔阿姨尿了一泡尿，兔妈妈就会因此攻击、驱逐兔宝宝，认为它不是自己的孩子，这也怪不得兔妈妈，它们是靠气味来识别彼此的。而当蚜虫遭受敌害侵袭时，它们会从腹管中释放出微量化学物质，并警告同伴离开。在此过程中，气味主要发挥着示警作用。蚂蚁在外发现大块食物后，会立刻返回巢穴招募同伴，在此过程中它们会一路留下特殊的化学物质，作为留给同伴的"信息"，因而同伴们循着气味就可找到食物所在地，此时气味主要发挥了跟踪指引的作用。

那么，在最高级的哺乳动物——人类身上，气味有怎样的影

---

1 Josefina Del Mármol, et al. The structural basis of odorant recognition in insect olfactory receptors. Nature, 2021, 597 (7874) : 126–131.

响呢？

2021 年 11 月 19 日，以色列魏茨曼科学研究所埃娃·米肖尔（Eva Mishor）团队在《科学进展》（*Science Advances*）上发表研究文章指出 [1]，在婴儿期分泌出的十六醛化学物质，阻止了男性在成人后的攻击性，但引发了女性在成人后的攻击性。简单点说，就是一种叫十六醛的化学物质会让男性变得温顺、温柔，好相处，会让女性变得攻击性强、易发火。

很多为人父母的应该都有类似的体会，爸爸常年在外工作，很少顾家，可孩子出生后，他突然就恋家，每次盯着孩子的小脸看都有一种感觉，怎么这么熟悉，怎么这么顺眼。妈妈呢？生孩子后突然就变得脾气暴躁，很有攻击性，喜欢找碴儿。原来，这是跟婴儿身上所散发出的气味有关。

这种改变也很符合演化论。十六醛增加了男性的连接性，诱使雄性动物更好地呵护子女，而不是每天往外跑。在自然界，雄性的哺乳动物，更多的是在外面厮杀狩猎，回到家中闻到幼崽的气味，那刚经历完一番恶战忐忑不安的心便一下子就安静了下来，这更利于家的维系。雌性的哺乳动物往往是要在家照顾孩子，万一来了个外族入侵，雄性动物又不在家怎么办？它必须保持警觉性，有保护的欲望和能力。

现在大家明白了，原来爸爸突然变温柔，妈妈突然变暴躁，这

1　Eva Mishor, et al. Sniffing the human body volatile hexadecanal blocks aggression in men but triggers aggression in women. Sci Adv, 2021, 7 (47) .

可是跟气味脱不开干系的。气味在我们生活中是非常重要的载体，它能够影响人类性格的变化，能改变我们的情绪，让我们的心灵回归安宁。

2

自闭也会代代传，父亲尤其要注意

荷兰是全世界平均身高最高的国家，其男子的平均身高能达到1.84 米，难怪常被称作"巨人国"，游客"小土豆"感十足。当然，荷兰男子也普遍很帅，高鼻梁、深眼窝，脸部结构非常立体。因此，荷兰的精子库是全世界质量最高的，很多人趋之若鹜。使用率高了，问题也就不可避免。最近，我看到了一个新闻，讲述的是荷兰的一位捐精者，他本人属于"三高"人群，即身体高、智商高、学历高。按照常理，使用他捐赠的精子生出的孩子应该很优秀，然而遗憾的是，通过他捐赠的精子出生的宝宝全部患有自闭症。之前我们提到，自闭症是会遗传的，这位本身患有自闭症的捐精者，通过精子把自闭症的基因传给了后代。

前面有特别讲到，自闭症跟肠道微生物有关，科学家尝试着通过粪群移植来缓解孩子的自闭症症状，已经取得了一定的成果。《科学》杂志的一篇文章[1]，给了我们另一个思路。该项研究来自加利福尼亚大学圣迭戈分校乔纳森·塞巴特（Jonathan Sebat）教授团队，乔纳森长期致力于神经精神疾病的分子基础研究，是测序与自闭症领域的专家，他发现：父亲可能会把自己垃圾DNA当中的70%与自闭症相关的结构突变遗传给自己的孩子。

什么是垃圾DNA，什么又叫自闭症结构突变？在自闭症的遗传层面，父亲和母亲有什么差别呢？

在过去的10年内，科学家找到了数百种基因突变跟神经系统相关，它们会影响到大脑的发育，造成自闭症风险。统计数据显示，这种突变是自闭的主要影响因素，会导致25%~30%的病例。

然而人的基因组是很大的，我们都知道有30亿对碱基，大概有22000个基因，这里面只有不到2%是编码蛋白质用的，也就是"编码序列"，剩下的98%，我们称为非编码DNA，这些区域，在过去，大家不知道它的功能，所以就把它称为垃圾DNA。当然，越来越多的文章证明它不是垃圾DNA，它就像宇宙当中的暗物质，你虽然不明白它的编码功能，但是它在维护、维持这些结构上的功能方面，还是有着自己的作用的。它不是不工作，而是在以我们尚不清楚的方式工作。跟自闭症相关的基因结构，就隐藏在这部分的暗物质当中。

所谓结构性突变指的是基因编码发生了重复、倒置、移位、插

1 Jonathan Sebat, et al. Strong association of de novo copy number mutations with autism. Science, 2007, 316 (5823) : 445–449.

入、缺失类似的变动，打个比方，原本的编码是 1234567，变成了 12345671234567，就叫重复；变成了 7654321，就叫倒置；而如果变成了 123489567，就是插入；变成 12567，则是缺失；类似这样的变动统称为结构性的变异。

自闭症跟这些结构性变异的关联到底有多少？

美国的人类长寿公司（Human Longevity）进行过一项研究。该项研究对 829 个家庭做了全基因组检测分析。这些家庭有一个共同特征就是：都有自闭症患者，有的家庭甚至不止一名患者。在做该项研究之前，这些自闭症患者均已经排除了新生突变的影响（精卵结合后，个体的突变）。

最终的测试结果显示，非编码区的结构突变对自闭症有显著的影响，而这种结构性的突变受父亲的影响要远远大于母亲，其占比达到了 70.9%。

有一个网络语叫"坑爹"，从这个角度看，我们还没坑爹，自精子形态开始，就已被爹给坑了。

这也给当爸妈的人提了个醒，我们对孩子要多点耐心和关爱，给他们提供更安全和温馨的生长环境，以避免垃圾 DNA 的负面影响。特别提醒"准爸爸"们备孕期间一定要积极备战，同时保持好心情哦！

3

脾气不好请担待，基因不背脾气锅

有一位叫"小马妹妹"的网友很苦恼："总有人对我说'我天生就是个暴脾气，请多见谅'，真的是很无语。脾气真的是天生的吗？脾气会不会遗传？"

稍微观察就会发现，哪怕是几个月大的婴儿，性格、脾气都是不一样的，有的比较温顺，有的容易发怒。那么，这是不是意味着坏脾气是天生的？

一般而言，性格在很大程度上是受到了遗传的影响。德国波恩大学的科学家研究发现[1]，在性格是否易怒的影响因素当中，基因所占到的比重将近一半。研究人员通过 DNA 测试，发现易怒者的 *DARPP*32 基因中，"TT"和"TC"变体比较活跃。*DARPP*32 基因一

1　Martin Reuter, et al. The biological basis of anger: associations with the gene coding for DARPP-32 (PPP1R1B) and with amygdala volume. Behav Brain Res, 2009, 202 (2) : 179–183.

共有着三种变体："TT""TC"以及"CC"。跟拥有"CC"型基因变体的人相比，拥有"TT"和"TC"型基因变体的人其大脑中负责控制情绪的大脑杏仁核的中灰质较少，更易发怒。

但这项研究的科学家也为 DNA 做了开脱：易怒、脾气不好的人不要什么都怪 DNA，人完全可以靠后天努力来调整和改善坏脾气的。也就是说，基因不应该成为我们乱发脾气的借口。

除了遗传基因，"暴脾气"的养成，与文化习俗也不无关系。比如，我们熟悉的"战斗民族"——俄罗斯的男性就普遍火暴脾气。俄罗斯尚武文化盛行，而且男女比例不均衡，导致俄罗斯男性年轻的时候酗酒和打架成风。根据世界卫生组织 2012 年的一项统计数据，在俄罗斯，酒精起因导致的致死比例高达 30.5%，这数字太可怕了！追根溯源，20 世纪 90 年代苏联的经济大崩溃或许是造成俄罗斯人饮酒文化盛行的"大帮凶"。毕竟，许多人在经济大萧条时期，生活艰难，只能靠喝酒来麻痹自己。苏联解体后，经济情况并没有快速好转，渐渐地，酗酒文化就成为传统。而打架文化与酗酒文化几乎是连体婴，相伴随行，因此，俄罗斯大街上因醉酒而发生斗殴，也就见惯不怪了。

除了社会大环境因素，工作不顺心、生活压力过大、环境嘈杂，再加上天气因素、年龄因素、生理期因素等，都会使人脾气暴躁易怒。这种时候，发不发脾气，就与人的修养有关，与基因无关。别人可以忍受的，你却忍受不了，那就是自身情绪管理能力差的原因。

只有一种"乱发脾气"是可以谅解的，那就是抑郁症、焦虑症、双向情感障碍症等精神、心理疾病刺激导致的发脾气，通常这类精神、心理疾病患者的情绪暴躁、精神失常是不自觉的，这类人只能在医生指导下进行综合治疗。

总而言之，暴脾气是多种因素综合作用的结果，不应该让基因"背锅"。对于那些动辄把"我天生脾气差"挂在嘴边、让你备受折磨的人，在忍无可忍的时候，可以回应："你就是自私罢了。"

4

神话人物或有后？三皇五帝非虚传

　　古代神话传说中，有一种说法，我们是炎黄子孙，有两个共同的祖先：炎帝和黄帝，还有一种说法是女娲造就了人类，也有人认为我们的祖先是三皇五帝。现代的科学研究发现，神话传说并不全是虚构的。

　　众所周知，人体细胞共有 23 对染色体，其中 22 对叫"常染色体"，1 对叫"性染色体"。性染色体，男女的构成是不同的，女性是 XX，男性是 XY。也就是说，Y 染色体是仅属于男性所有的，只在男性中一代代完整地传下来。从理论上讲，根据 Y 染色体序列的差异，就可以估算出人与人之间的"代差"。当有人对你说"五百年前我们大槐树下一家亲"，你可以据此补充："未必，我们可能五千年前才是一家。"

　　根据最新的证据推断，人类可能是多中心起源的。但存活到今的现代人类有着一位共同的男性祖先，即所谓的"Y 染色体亚当"，那是在数万年前走出非洲的一位男子。祖先们为了在残酷的环境下生存，不得不开启漫长而艰辛的迁徙，以找到更多宜居之地。最终，有一部分人踏上了东亚大地。

非洲阳光充裕，欧亚大陆则非常阴冷，他们迁移的第一个挑战就是让自己的肤色由深变浅，如此，身体才能合成足够的维生素 D，供给身体所需的钙质，才能适应新的生活环境。

复旦大学现代人类学实验室博士后严实老师做过一项研究，通过各种路径选取上万个男性样本，在对这些男性的 Y 染色体进行测序后，他发现，40% 中国人的 Y 染色体来自三个 6000 到 5000 多年前新石器时代的超级祖先。

这个祖先必须有很多老婆，才会有很多儿子，这些儿子也要有很多儿子，才能保证 Y 基因能一代代遗传下来。要想养活这么多的儿子，必须要有足够多的粮食，才能够迅速且持续地扩张，甚至占据全国近一半的人口。如此推测，这个人必须是首领。

自然，古代神话传说中一直都有"三皇五帝"的提法，但"三皇"和"五帝"具体指的是谁，一直未有定论，文献中所记载的版本也不尽相同。有人认为，40% 中国人的祖先可能是"三皇"，60% 中国人的祖先可能是"五帝"。也就是说，在当时的社会，占有社会资源的少数人同时掌握着社会的生殖权，他们后代所占的比例非常高。

5 /

虎爸豹妈强压力，孩子难免出问题

早在 20 世纪 50 年代，威斯康星大学麦迪逊分校的心理学家哈里·哈洛（Harry Harlow）便做过一项颇有争议的研究[1]：他们将幼年猴子和它的母亲分开，几个月后，再把它放回母亲身边，然后观察这些经历过亲子分离的猴子跟正常长大的猴子有什么不同。

结果发现，这些早年间与母亲分离的幼猴成年后，它们的大脑结构和化学特性跟正常的猴子比会发生明显的改变，因为这些改变，它们更容易出现心理和身体等多种疾病。

研究员进一步对罗马尼亚孤儿院中没有父母的儿童进行了研究，他们发现这些儿童成年后也会出现多种行为和智力问题。

什么意思呢？意识是会影响基因表达的。这是因为所有的意识活动都要有一定的物质基础，它起码要消耗由血糖产生的能量，才

1　https://min.news/en/animal/f976cc9bb9331b92f16f0bcba3f16507.html.

能维持大脑的高速运转。人都有七情，即喜、怒、哀、惧、爱、恶、欲。当情绪变化时，我们通过功能性磁共振对大脑进行扫描，就能发现，情绪不同，大脑的不同区域内会有不同的反应，脑电波会呈现不同的波形，进而影响到基因表达并产生后续调控。

美国纽约西奈山伊坎医学院的一项研究[1]证实了这点，该研究给出一项结论：大脑中有一块专门负责情绪的区域，早期的生活压力过大，通过长期的转录程序编码，神经就会形成终身的压力敏感性。

研究人员凯瑟琳·佩纳（Catherine Peña）解释道，这是因为改变老鼠的母性行为，会使得幼鼠中脑腹侧被盖区的数百个基因的表达水平发生明显的变化，继而大脑随之会出现类似抑郁症的表现。

他们进一步研究，发现在实验小鼠身上有一种能调节基因变化的发育转录因子 orthodenticle homeobox 2，即 OTX2。他们是用小白鼠做的实验。老鼠一般在出生后的 10～20 天处于敏感期，对周围环境非常敏感，这时候，把它们从母亲身边拿走，它们就会感受到很大的压力，OTX2 这个调节因子就会被抑制。OTX2 水平长期被压制，最终水平也还可以，但持续到成年后，就会发生一种甲基化的改变。

这些小老鼠在成年后一开始一切正常，可当遭受进一步的应激之后，就会出现类似于人类的抑郁行为。比如，当被突然出现的猫追赶时，跟妈妈一起长大的老鼠，会快速奔跑逃窜；自己独自长大的老鼠，会直接认命，原地摆烂。

1　Catherine J Peña, et al. Early life stress confers lifelong stress susceptibility in mice via ventral tegmental area OTX2. Science, 2017, 356 (6343) : 1185–1188.

OTX2 听起来很不好理解，它到底有什么影响作用呢？

用通俗的语言给大家解析一下。在敏感时期，长期感受到压力的话，大脑神经会发生一些改变。这个改变不会改变基因序列，却能改变基因的修饰，比如某个碱基的一个氢键变成一个甲基，我们就称之为甲基化。这就相当于给这个基因"戴了一个帽子"，很多朋友就"不认识它"了。更重要的是，这个帽子可能会固化下来，还会遗传下去。这也解释了为什么有些人的父母并不抑郁，而孩子却患有抑郁症；或者一个人一开始并不抑郁，后来遇到一个突发事件突然就变得抑郁了。

这种变化属于表观遗传学的范畴，它本身并不是从我们的父母那里遗传到的 DNA 编码变化，而是由调节我们的遗传物质表达的分子导致的基因活性变化。现在已经明白了，在孩子成长的敏感期，他感受到太多压力或者经历太多逆境的话，这种压力会对他产生终身的影响。这也提醒我们，在望子成龙、望女成凤的时候，不要过于激进，虎爸豹妈式的教养方式或不利于孩子性格的塑造，也不利于孩子心理健康的发展。

6

克隆肉体很容易，复制意识是难题

1996 年 7 月 5 日，英国科学家伊恩·威尔穆特（Ian Wilmut）博士成功克隆出了与它的"母亲"完全一样的小羊"多莉"。"多莉"的诞生，让人们不禁引发了对克隆人的诸多畅想。尽管 2003 年"多莉"因肺癌而死亡了，但人类关于克隆自身的憧憬一直都未消散。

毕竟，人和羊都是来自受精卵发育而成的哺乳动物，羊可以克隆，人也是可以的。如果说，我们能够将一个人的基因全部测出来的话，是否能够复制出一个跟自己具有同样思维的一模一样的人？

在回答这个问题之前，先普及一个概念——涌现。打个比方，推开一扇很重的门，需要 1000 千克的力量，1 个人只有 100 千克的话，至少需要 10 个人才能推开。9 个人的时候是推不开的，不管你怎么努力。等到凑齐 10 个人，突然就推开了。推开了以后，你会发现参与的每个人都变"神"了。累计 10 个人的这个过程，就是物理或哲学上讲的"由量变引发的质变"，推开门的一刹那所产生出的效应，称为"涌现"。大量微观个体相互作用之后，会激发出全新的属性，产生"整体大于部分的效应"。小鼠有 7000 万个神经元，而猕猴有 60 亿个神经元，等到了人类，已经有 860 亿个神经元，此时的人类，在大脑前额皮质诞生出远远超越小鼠或猕猴的智能，就是涌现的结果。

早在 1999 年，人类约 22000 个基因都被测得差不多了。复制一个人，看似好像触手可及，并不是什么难事。最简单的方法是用克隆技术。简单来说，就是将细胞核拿出来，替换掉另外一个卵子的细胞核并让其发育，这样就可以通过更新的基因组来诞生一个从生理、肉体上与你一模一样的人。但遗憾的是，这样克隆所得到的个体，更多的只是一副皮囊，没法承载你原有的思想，尤其是这个个体在成长过程中"涌现"出来的智慧。

对此，"多莉之父"伊恩·威尔穆特（Ian Wilmut）博士曾旗帜鲜明地表过态："我们在攻克克隆技术的时候，始终没有想过要将克隆的目标对准人类自己，'克隆人'这件事对于研究来说意义不大，两性繁殖是数十亿年自然选择的结果，没有必要去推翻它……科学家们克隆多莉羊的时候，纯粹是在好奇心驱动下去做的，没有考虑太多，没有想过推进畜牧生产，更没有想过将来克隆人。"

那么，通过无性生殖复制或有什么危险呢？英国的疯牛病大家都听说过吧？这些患病的牛都是经过长期的"优生"培养而来的，按照优生的原则推断，它们应该比一般的"自然牛"更健壮。但事实上，这里的"优生"仅仅是对人类而言的，相当一部分"优生牛"

对于诸多病毒毫无抵抗力，反倒是"自然牛"因为和自然环境有过长期的"打交道"，它们的抵抗力更好。

人类一直畅想可以通过克隆"造出"更多爱因斯坦式的精英来。但这个梦想注定不会成功。撇开伦理因素不谈，技术也无法实现。因为我们可以克隆出来爱因斯坦的肉身，但无法克隆出他的智慧。其中一个关键因素就是社会变量。

换句话说，当我们把 20 世纪初德国的爱因斯坦的身体复制出来，放在今日德国去生活，这个爱因斯坦的克隆人可能头脑依旧聪明，但最终未必会成为一名集伟大成就于一身的优秀物理学家。因为从将爱因斯坦的克隆体植入子宫的那一刻起，这个个体注定将面临不同的成长环境。代孕妇女的饮食习惯、生活习惯、她在怀胎过程中所接触的环境污染，她本人的秉性都会对胎儿"爱因斯坦"产生影响。"爱因斯坦"出生后所受到的社会影响就更不用说了。

为什么外在的环境会产生如此大的作用呢？因为人体的 860 亿个神经元，其拓扑结构的形成受外界刺激影响。举个例子，你为什么对小学某个同学念念不忘？你俩入学的时候，可能是一个班，或者不是一个班，但联系较多。因为一次又一次的碰撞，使得你们 860 亿个神经元里面有 10 个神经元，不断在强化你俩的关联，慢慢地神经元连接固定，后来就牢牢记住了对方。神经元之间的连接就是拓扑结构。拓扑结构一旦变了，你就改变了，很多老年痴呆病的根本原因，就是拓扑结构混乱。当你的克隆体出现了，你的 860 亿个神经元都健在，但是不同神经元之间的连接完全不一样了，整个拓扑结构变了，克隆体自然不具备和你一样的记忆，意识、情感也就不一样了。

总之，基因信息完全相同的两个个体，也不会形成完全一样的意识，想想同卵双胞胎就明白了。就算能够复制出外表一模一样的人，其内心的思想和理念是不可能被拷贝的，毕竟人脑不是电脑。这是目前科学还解决不了的难题。

7

大自然也"转基因"，互利共生真高级

在大约 150 年前，英国生物学家、进化论的奠基人达尔文提出了进化论学说，后人在他的观念基础上不断深入研究。而到了 20 世纪中期，人们把孟德尔的遗传学说和达尔文进化论中的自然选择学说结合在一起，从而形成了比较成熟的现代演化论。

现代演化论有两个关键：第一句是："龙生龙，凤生凤，老鼠的儿子会打洞。"这是孟德尔的遗传规律，基因既有遗传特征，又有突变特征；第二句是："物竞天择，适者生存。"适应环境的生物才有可能活下来，不适应的则直接被淘汰，正因如此，生物才得以不断演化。

现代演化论有一个重要观点：不同生物之间存在物种隔离，也就是说，不同生物的基因是不可能横向传递的，这保证了生物的个性特征，确定了"物种"。不过，这一规则不适用于古细菌和细菌的演化，因为这些微生物能够获取周围其他微生物甚至动植物的基因

并为自己所用。而病毒，尤其是逆转录病毒竟然可以将自己不断地整合到宿主的基因组中。类似这样的过程在专业术语中被称作"横向基因转移"。

生物学家统计发现，大多数微生物有约 10% 的基因是通过横向基因转移获得的。一些极端微生物的这个比例甚至能达到 50%。

古细菌、细菌的个体都很微小，但它们的种类却很繁多，且难以计数。这就有了一个问题：如果古细菌类和细菌类这两大生物分支都有悖于达尔文式进化规则，那我们是不是就该质疑达尔文式进化的普遍性？

这里就牵扯一个敏感的话题——转基因话题。一直以来，人们对转基因就颇为在意。我一直提倡的是理性辩论：充分知情，自愿选择。

那么，到底什么是转基因？我们之前已经讨论过"横向基因转移"，也称为水平转移。基因的水平转移与垂直传递相对。比如父母生孩子，这称为垂直传递，那么如果从两个生殖隔离，也就是原来不可能生殖的两个物种之间又进行了基因的一个传递，比如把大肠杆菌的一个基因转到了水稻上，如果不通过现代分子生物学手段是做不到的，这种就叫作水平转移。

进一步讨论，比如骡子是不是转基因的产物？马和驴这两个物种长得差不多，体形也不是差别特别大，它们是可以生殖的，所以骡子顶多算是杂交，它不能算是转基因。尽管驴和马生出骡子不常见，但这是在没有人工分子干预下（可能有人工干预其行为）形成的。还有动物园的狮虎兽，也是类似的情况。

那么转基因，也就是借助人工分子干预手段，将人工提取或者合成的基因导入生物体，使得生物体原有的性状发生改变，并让这种改变遗传下来。转基因的本质是使原来两个不可能发生基因传递的物种，产生了水平转移。

这种水平转移其实是普遍存在的。比如，两个单细胞体也可以拥有"性生活"，A大肠杆菌转一个耐药基因给B大肠杆菌，从而使B大肠杆菌也获得了耐药的能力。这就是细菌的"性生活"。

还有一种是"不为我有，但为我用"。我们经常会问，历史上演化的最成功的微生物是什么？线粒体和叶绿体。它们原来可能都是独立生活的。后来因为一次偶然被吞噬后，双方经过互利共生的演化，逐步变成了缺一不可的好伙伴，这不失为一个有趣而特殊的转基因案例。

也就是说，在用分子生物技术之前，自然界本身就已有让基因在不同物种之间进行传递的先例了。从细菌到高等植物，基因一直都可以在不同物种间移动。甚至，就连我们人类自己也有可能是"天然转基因"的！

早在2001年，即人类基因组计划完成之时，我们就已经知道了人类的基因组当中有病毒，特别是逆转录病毒的插入序列，并会随着人类生育世代遗传，其比例更是达到了 8% ~ 11%。而英国剑桥大学研究人员曾经在《基因组生物学》（*Genome Biology*）杂志上发表文章[1]称，人体携带了至少145个本来不该人拥有的基因。这些基因并非源自人类远古祖先，而是来自细菌、病毒和其他微生物。这些细菌、病毒和微生物是通过水平转移而寄居人体之内的。

这项研究成果证明，"基因水平转移"是十分常见的现象，它不仅发生在微生物之间，也发生在像人类这种高级生物体内。过去，中国批准的转基因农作物仅有棉花一个种类。而在2023年12月25日，首批转基因粮食种子获批，包括了37个转基因玉米品种和10个转基因大豆品种，这就相当于打开了转基因种子产业化的大门。

居里夫人说过：世界上没有什么是真正令人恐惧之事，只有尚未被理解清楚之事。知之越深，畏之越浅。我们对转基因的认知，又何尝不是如此呢？

1　Alastair Crisp, et al. Expression of multiple horizontally acquired genes is a hallmark of both vertebrate and invertebrate genomes. Genome Biol, 2015, 16 (1) : 50.

8

这病传男不传女？伴性遗传不稀奇

有时候你看到一只猫好像是纯黑色的，其实并不是。因为纯黑色的猫很罕见，多多少少其足部还有一点点白色在"负隅顽抗"。一般来讲，猫杂色居多。如果你看到一只颜色扎眼的大橘猫，它是公的比例会非常高。如果你看到一只三色花猫，大概率就是一只母猫。为什么？

猫的毛色色素基因位于 X 染色体上。X 染色体只能带一种颜色，而公猫只有一个 X 染色体。三花猫的毛色是在白底上嵌合了黑色和黄色，这需要两条 X 染色体才能形成。

当然，是不是三花猫体现的是一种多态性，不会对已经作为宠物的家猫带来太多生存问题。但如果 X 染色体上有基因缺陷可就不是这么简单了。因为男性只有一条 X 染色体，所以携带即意味着致病。而女性有两条 X 染色体，还能通过另一条进行补充代偿，患病概率就大大降低了。色盲症就是这样一种疾病。按照孟德尔遗传定律，如果女性为色盲，那么这位女性所生的男孩一定就是色盲，这位女性生的女儿，则取决于父亲是否色盲，如果父亲色盲，女儿必定也是色盲，反之就不是色盲。诸如此类，因为性染色体缺陷而导致的，和性别关联的遗传病称为伴性遗传病，除了常见的色盲症，还包括血友病。

色盲症还有另外一个名字——道尔顿症，这个名字是为了纪念英国著名化学家约翰·道尔顿。生活在18世纪的约翰·道尔顿是色盲症的首个发现者。他发现色盲症的过程，令人哭笑不得。有一年，道尔顿送圣诞礼物给母亲。母亲觉得他买的樱桃红色的袜子太鲜艳，没法穿出门，就对道尔顿抱怨了一句。道尔顿感到很委屈，因为他挑的圣诞礼物是棕色的！道尔顿向身边人一一求证，得到的答案是：礼物确实是樱桃红色，而非棕色。其中，只有弟弟和他的看法是一样的。道尔顿这才意识到，他和弟弟都是色盲症！道尔顿相信，这世界上认不清颜色的人，绝对不止他和弟弟两个人，于是，他在做了大量调研之后，写下了大名鼎鼎的《论色盲》一书，从而成为世界上首个发现并研究色盲症的人。

道尔顿所患的红绿色盲非常普遍。根据美国的一项调查，大约有1千万美国男性（占男性人口总数的7%）不能从绿色中辨出红色，或者他们看到的红绿色与大多数人看到的不同。在患色盲的男性中，红或绿的视锥细胞功能异常或者根本就没有功能。

有人曾经开玩笑说，大概男人天生分辨不清绿色，所以总害怕被戴"绿帽子"。就算戴上了，也因为红绿色盲，傻傻分不清。玩笑归玩笑，如果身边有色盲男人，还是多善待他们吧！

9

基因算命骗局多，求人不如求自己

自从基因测序成本大幅降低以来，我们确实避免了很多因为基因导致的遗传缺陷的发生，很多肿瘤有了更加精准的治疗方法，但同时也多了很多泥沙俱下的事。

就有朋友经常问我："你们的基因检测能测量天赋吗？""能指导孩子报哪个特长班吗？""音乐、美术、体育，我们应该往哪个方向发展呢？"

我通常的回答是："这孩子是你亲生的吗？"亲生的话，孩子的基因是从爹妈那儿来的，那先把夫妻两人查一下吧，父母都没有天赋，又何必期待孩子呢？

在第一章的时候已经提到了，基因说了算的事情大抵是三类，可以帮助我们远离出生缺陷，精准防治肿瘤，精确应对感染。但很多时候，我们也会无奈地发现，该检测的不检测，很多人却不惜花费高价，企图通过基因检测测出孩子的天赋。

　　人类有天赋，但是天赋不是用基因就能检测出来的。前面也不止一次地提到了，相关关系不等于因果关系，一两篇文献，几十个群体所给出的一些关联关系不能简单放大到所有人。更何况，所谓天赋是跟后天环境有直接关系的，狼孩的故事，我们都很熟悉，因为在人类学习语言的年纪，他是跟狼一起生活的，后来回归人类社会后，人们想尽办法教他掌握人类的语言，可他怎么学都学不会。

　　还有人希望通过基因检测测出孩子的性格。孩子先天就比较沉静、不爱说话或者先天就是话痨、好动，他是偏内向，还是外向呢？很多爸妈喜欢找到这类答案，可是，这种先天的区别又能有多大作用呢？有一个词叫"闷骚"，话很少的孩子，内心也可以有一个色彩斑斓的世界；开朗外向的孩子，也可能内心很阴暗。单纯用任何一个孤立的指标去评价一个孩子，本身都是对孩子的不负责任。

　　家长希望用基因检测来测定孩子的天赋，其实就是给孩子套了个框，这是望子成龙、望女成凤的中国式的家长焦虑让基因背锅，成了数字化算命。还是那句话，成人当反求诸己。如果想让孩子有什么特长，就请家长首先带头做到吧！

第五章
基因与两性

1

雌雄激素人人有，生育可是大问题

据说，在泰国，现在已经有 18 种人的性别了，而美国脸书（Facebook）注册网站上，可供选择的性别高达 56 种。看来，关于性别这事，已变得越来越复杂了。

所有的胚胎在诞生之初都是无性别或者是偏雌性的，几周以后，因为有雄激素的刺激，胚胎才逐渐表现出性别特征。不过，如果你想当然地认为地球上的生物就只有两种性别，那就大错特错了，即使是有性生殖生物，也不仅仅就雌、雄两种性别。比如，有性蘑菇就有多种性别，它的配偶方式特别复杂，有一套精密的计算规律。

还有一些物种的雌雄选择是随机发生的。比如，雌雄同体的涡虫，在交配期，它们会进行一场搏斗，双方用阴茎刺向对方的身体，谁刺中的速度快，谁就是雄性，慢的那只就变成了雌性。

人类跟其他物种最大的区别就在于，人类的性别不仅仅是生物性选择，还有社会性选择。

1万年前的狩猎年代是母系社会，男人们外出打猎，女人们则要负责哺育孩子、分配食物、照顾老人，维持一个群体的运转。后来，社会发展到农耕时代，男人力气大能干活，开始成为社会的主导，这是自然条件所决定的。两性在不同的历史时期都兼具历史和社会属性的，跨越时空来看，两性之间在不断地博弈和选择。

20年前，听说日本男生化妆比例很高，当时我觉得还挺奇怪的，然而社会发展到今天，我发现，男性化妆品在中国已经逐步普及了。主流的明星偶像审美也越来越中性化。这是因为现在是相对和平的年代，张飞、李逵这样的虬髯大汉似乎格格不入，而现在社会的生产机制也越来越自动化、机械化，男女之间体力的差别不再重要。人类的安全感达到了一定程度，生活安逸度达到了一定的层次，力量不再必需，社会也就呈现出了"中性化"或者"泛雌化"的现象。

我们每个人都兼具雌、雄两种激素，但从传统意义上看，我们还是希望女性更像女性，男性更像男性，而不是男性女性化，女性男性化。不是不能有女强人，但这跟女强人要像男人，是两码事。

当然，和平不意味着要排斥竞争，绝对的安全和持续的安乐也未见其是好事，所谓"生于忧患，死于安乐"。约翰·卡尔霍恩（John Calhoun）是美国著名的动物学家。1968年，他开展的"25号宇宙实验"[1]引起了社会的广泛关注。在这场实验中，实验人员为老鼠创造了一个生活的天堂：充足的食物、优越的生存条件、没有天

1　https://www.the-scientist.com/foundations/universe-25-1968-1973-69941.

敌的干扰、专门的养护体系，他原本以为在这样的条件下，鼠群肯定会大量繁殖。可最终的结果不仅出乎意料，还让人感到一丝恐惧和绝望。

一开始，老鼠的数量的确快速增长，可很快就开始了断崖式下跌，到最后，鼠群完全停止了繁殖。当生活条件足够好后，老鼠们都变成了性冷淡，甚至自我封闭、离群索居。这个结果让人忍不住质疑，随着经济越来越发达，人们的生活条件越来越好，人类会无止境地繁衍下去，还是逐渐走向末路呢？

从人口学的角度看日本，少子化、老龄化问题已经成为社会的顽疾。20世纪70年代中期，日本就出现了低生育率问题，而到了1995年，日本更是进入了超低生育率阶段。尽管政府采取了各种措施，可这并没有阻挡住人口下降的颓势。到20世纪90年代，日本进入老龄化社会，现在日本65岁以上的老人已达到3535万，占总人口的28%，已迅速步入了深度老龄化，韩国也正在步入日本的后尘。

为此，加拿大特别提出了一个"子宫战争"的议案，鼓励人们多生孩子。当然，也有很多国家忧心忡忡，觉得很多种族不用做别的事，就靠多生孩子，将来一人一票，就能把这个国家给颠覆。现在发达国家基本上都是少子化和老龄化同时存在，而中国新生儿也呈现出明显下降的趋势，如2023年中国出生人口仅为902万，而6年前即2017年，这个数字还是1723万，这个趋势值得所有人关注和警醒。

　　世界首富埃隆·马斯克曾在《华尔街日报》年度 CEO 理事会论坛上直言，低生育率已经成为人类面临的最大威胁，他呼吁：如果人们没有更多的孩子出生，文明将会崩溃。

　　从此意义上而言，关于性和传承不再是个人问题，而是整个人类的大问题。

2

Y 染色体本多样，战争屠戮促消亡

前面我们讲过：40% 的中国男性有三个"超级祖先"。已经有数据证实了 Y 染色体的多样性在近 2000 年中出现了大幅下降，这个结果是如何发生的呢？

动物界，狮子都是有自己的领地的，狮群里，母狮负责打猎和哺育，公狮只干三件事：睡觉、在领地转悠（留下气味）、交配。母狮捕猎的成果，它会坐享其成。哺育幼狮的事儿，它几乎也不参与。

公狮唯一体现自己价值的事儿，就是与其他侵犯自己领地的公狮对战。公狮对战的时候，一般母狮也会帮忙，可母狮最后会顺从战胜的一方，而战败的一方要么被咬死，要么逃跑。外来入侵的公狮取胜的话，还会做一件事，斩草除根，咬死所有的小狮，尤其是雄性小狮，防止它们长大后取而代之。

类似的事情也发生在遥远的人类社会，在父系氏族的战争中，打赢的一方都会把对方族群的男性杀光，把女性抢回作为奴婢，基本上都是这么个套路。在这方面，成吉思汗是铁腕实施者。

2004 年 6 月，牛津大学的人类遗传学教授布莱恩·塞克斯（Bryan Sykes）写了一本名为《亚当的诅咒》的书，这本书聚焦于男性 Y 染色体的研究，他发现：曾经征战欧亚大陆的成吉思汗及其家族（称"黄金家族"），可能在全球留下了 1600 万个后代，他的子孙甚至有英国王室成员。这位人类遗传学教授掌握的证据是：被研究的男性个体身上有着高度相近的 Y 染色体片段。

话说当年成吉思汗率领着蒙古骑兵征战世界，一路从蒙古打到阿富汗，甚至延伸到了俄罗斯和伊朗。彼时蒙古大军每攻占一处城市都会抢掠美女，而这些女子在和成吉思汗家族的男性结合之后，生下不少带有其 Y 染色体标签的混血后代。

在成吉思汗离世后，他的子孙延续了"家族事业"，把帝国进一步扩张到俄罗斯、巴基斯坦、乌兹别克斯坦、蒙古、匈牙利和波兰，这使得成吉思汗的"超级染色体"散播开来，在欧、亚两洲的土地上持续繁衍着。反观非成吉思汗家族的 Y 染色体比例，则在一轮又一轮的大屠杀中锐减。

时间再往前推移，当年黄帝和蚩尤大战，战胜者会把战败部落的男性全部杀掉，把女性掳走，让她们为自己繁衍后代。一代又一代类似的大清洗使得男性的 Y 染色体的多样性大幅下降。

当然，除了战争将战败者的 Y 染色体彻底抹杀，还有一种可能，一部分男性因为地位低下，一生没有交配机会。这点在猴群中特别常见，在猴群中，只有猴王有自由的交配权，地位低下的猴子是极少有这个机会的。

也就是说，人类 Y 染色体多样性降低不仅是由自然环境造成的，更多由社会环境，特别是大的历史事件造成的。战争主导着基因的遗传。这也给我们提了个醒，人类的每一步抉择都关乎着后代的变化，其影响可能比我们想象的更加深远。

3 /

DNA 上有"开关"，一键完成性转化

在泰国，一些男性会选择通过变性成为"人妖"。这是如何实现的呢？

有两个步骤不可缺少：首先，他们会接受相应的性激素注射，尤其是雌性激素，以塑造和维持女性特征；其次，进行外科手术以改变原有的性器官。其中，激素注射环节至关重要，若仅依赖外在改造而不施加激素干预，将难以保持诸如皮肤细腻、胸部发育等女性生理特征。

完成变性手术并长期接受雌性激素治疗后，泰国人妖的身体第二性征将逐渐与女性趋同，最终可能达到难以区分的程度。这个案例证明了，即使生殖器官已经定型的人，用激素持续干预的话，也是可以改变性别的。而如果将激素干预提前到胚胎早期，又会发生怎样的变化呢？

英国弗朗西斯·克里克研究所的研究人员就曾在《科学》杂志

上发表[1]了一篇文章。在该研究中，他们通过改变小鼠的一个非编码的 DNA 区域，从而首次证明了性别逆转——研究人员删除了一段名为增强子 13 的 DNA 片段逆转了雄性小鼠的性别，让它不仅呈现出母鼠的状态，连发育的器官都是卵巢，而不是睾丸。

达尔文提出物种起源的时候，就用到一个关键证据，不同哺乳动物在胚胎发育早期的状况有极大的相似性，这证明了大家是同源的，是中性或者偏雌性的。在胚胎期，雄性性器官发育需要足够的 SOX9 蛋白，缺少 SOX9 蛋白的话，睾丸就会变成卵巢，并引导胚胎的其他部分变成雌性。这个位于非编码区的增强子就像一个开关，减掉了它，由它调控的 SOX9 蛋白水平就会受到影响，从而改变了物种的性别。

这个实验无疑也凸显了全基因组测序的重要性。以前成本比较贵的时候，我们只能测基因当中的一小部分，而在测序成本已经低到一定程度的今天，我们可以直接得到全基因组序列。前面也讲过，人类基因组分为编码区域和非编码区域，其中编码基因只占 1.5%[2]。对于占比更高的非编码基因，过去人们的态度是将之视作"垃圾 DNA"，可实际上，它们真正的价值一直在等待我们去解锁。

弗朗西斯·克里克研究所这个性别逆转的实验，关键突破就在

1　Nitzan Gonen, et al. Sex reversal following deletion of a single distal enhancer of Sox9. Science, 2018, 360 (6396) : 1469–1473.

2　E S Lander, et al. Initial sequencing and analysis of the human genome. Nature, 2001, 409 (6822) : 860–921.

于非编码区，它首次证明了非编码区的重要价值和作用。实验的关键成果——增强子 13，就是在非编码区所谓"垃圾 DNA"中发现的。

这个小老鼠变性的实验也给出了调控基因的全新思路，无须改变基因序列，只要在原来的基因组里精准找到那个关键开关，让其开闭就可以了。

有数据显示，目前全球每 5500 个新生儿当中，就有 1 个婴儿存在性发育障碍问题，比如有着 XY 染色体的男性却没有睾丸，有着 XX 染色体的女性竟没有卵巢。过去人们一直没有找到答案，增强子 13 的发现，给人们提供了一个新的思路：问题可能出现在基因调控上。

随着研究的进一步推进，除了预防或者治疗疾病，人类未来是不是可以自如地选择性别呢？或者说，按性别分类真的重要吗？

4

神经递质强助攻，人人都是恋爱脑

关于坠入爱河，美国 Science Alert 网曾有一篇文章[1]，详细讲述了"大脑七大变化"：

（1）恋爱会让人血压降低，在一段稳定的关系中血压也会稳定；

（2）人切入恋爱模式，容易患得患失，因此会感到一些压力；

（3）恋爱中亲密行为会给人一种前所未有的安全感；

（4）心跳会因为恋爱加速，与此同时胃部和肠道也会被刺激到；

（5）大脑会因为恋爱的感觉而释放多巴胺，整个人变得更快乐；

（6）激情会转移疼痛的感觉，恋爱会让人忘却伤痛；

（7）陷入恋爱的人会对愉悦体验上瘾。

1　https://www.businessinsider.com/falling-in-love-changes-your-body-and-brain-2018-7.

人坠入爱河之后，大脑的确会起变化，这些恋爱的感觉也确实能感受得到。那么，问题来了：甜蜜又真实的感觉是如何发生的？是什么促使大脑发生变化呢？

感觉的真实是来自外界的刺激以及自身的回应，自身的回应来自神经的一种电信号。电信号在体内是怎么传递的？是通过一些化学等价物，比如说氢离子。恋爱过程可分解为一系列复杂的化学反应。通常情况下，当人们处于热恋阶段时，体内会产生多巴胺。多巴胺之所以能令人心情愉悦，是因为它属于儿茶酚胺类神经递质，是能够让人们兴奋的。而除了多巴胺，还有一些"神秘力量"会让我们在恋爱的时候，做出超兴奋的表现。

人特别想去疼爱另一个人的时候，会产生另一种神经递质——催产素，在催产素的作用下，会做出拥抱行为。催产素属于肽类激素，它可以刺激乳腺分泌乳汁。但是不要被它的名字迷惑，催产素不只在生孩子的时候能帮助促进子宫收缩，它在日常生活中也会起到很大作用。比如，当人在心情大好的时候，大脑就会分泌出催产素，此前所谓的挫败和压力都因此荡然无存。我们常说心情一下子变好了，这个"一下子变好"在很大程度上就是催产素在起作用。

女人可以分泌催产素，男人也可以。催产素当然不会促使男人去哺乳，但会促使其做出"友善"的行为，包括"社牛"状态。

常见的神经递质还包括内啡肽、大麻素、血清素等成员。

内啡肽是由脑垂体和下丘脑释放的一种氨基化合物，也被称为安多芬或脑内啡，其作用与多巴胺相似，能够激发包括成就感在内的多种愉悦情绪。而由大脑产生的内源性大麻素，能让人如同吸食大麻一样上瘾，内源性大麻素系统是大脑中最普遍、最分散和最重要的调节系统，因为它控制着几乎所有神经递质的释放。

说到血清素，因为从血清中发现而得名，它的学名叫 5- 羟色胺，作为一种抑制性神经递质，它对大脑活动的影响甚广，不仅能调节情绪变化，还能影响人的记忆力水平。

这些神经递质均是内源性，即人体自身可分泌的，有些人如果服用了含有这些激素的药物，对应表现会更加猛烈。

了解了这些"化学助攻手"之后，我们再说回恋爱。当对的人出现，他的容貌、说话的声音、散发的气味、一举一动，都会刺激到人的大脑，分泌出上述的种种化学元素。陷入恋爱的人在不同阶段，将体会到紧张、浪漫、幸福、开心的愉悦感觉，进而形成强烈的冲动，做出亲密动作，彼此得到安抚之后，恋爱关系就进入稳定状态。人在上述过程中会持续释放一些让自己身体更愉悦的信号来稳固关系，在外人看来就是"坠入爱河"。

5 /

"人造人"成为可能，生物工厂是未来

一般而言，生命的孕育和诞生都是父亲和母亲精卵结合的结果，它一定是带有父母的遗传特征的。如果是完全合成的生命应该是什么样子？

美国国防部有一个"高级研究项目局"，英文全称是 Defense Advanced Research Projects Agency，简称为 DARPA。这个部门很厉害，一直与高新科技死磕，当然这些技术被研发出来，一般被用于军事用途。2014 年 4 月 1 日，DARPA 突然成立了一个全新的机构：生物技术办公室（Biological Technologies Office，简写 BTO）。这一机构的成立意味着军方开始涉足生物技术领域，因而一经推出立刻引起了全球的关注。

生物技术办公室被赋予重要的使命：通过生物学、纳米技术、计算机科学等多领域融合创新，制造出比传统化学手段还要优越的实用装备，为国家安全保驾护航。简而言之，美国军方希望用生物技术手段来取代传统的，例如化学技术等手段。于是，合成生物学这个全新的研究领域诞生了。所谓合成生物学就是一种灵活设计和改造生命、重塑生命体的科学。

过去的生命研究默认生命本身有自己既定的存在方式，地球上所有的生命都是亿万年演化的产物，都是通过自然选择雕琢出来的杰作，虽然不完美，但也无从改变。

而现在的生命合成研究，认为生命是可以改变、设计、重塑的。基于已经存在的生命框架，人类可以按照自己的设计来制造出自己想要的物种。

有人会纳闷：为什么要对好好的生命体进行重新设计呢？其一，曾经我们拥有过生物多样性更丰富的地球，通过生命合成再造新物种，可以重现昔日物种繁荣；其二，对生命基因进行编码设计，能够解决不治之症和应对恶劣生存环境等现实性棘手问题；其三，合成生物技术还能降低生产成本，提高生产效率，有巨大的经济价值。

以酵母为例。酵母本身在自然界当中大量存在。那么为什么还要去设计酵母呢？比如大家很少喝过 17 度以上的红酒吧？抛开葡萄品种不算，接近这个酒精度的时候，大多数酿酒酵母就不工作了。假如我们稍微调节几个与酵母抗性相关的碱基，它就能耐受更高度数的酒精。如果是在工业生产中，经过人为编辑设计过的酵母，对于生产效率的提高，贡献将是巨大的。

2017 年 3 月，英国、美国和中国的几支团队，包括天津大学、清华大学、华大，一起通过人工设计并合成全染色体，来创造第一个人工酵母细胞[1]。而到了 2023 年 11 月，这个项目所有参与者，来自六个国家的过百名研究人员共同宣布人造酵母基因组染色体合成全部完成，总共合成了近 1200 万个碱基。

酵母是无性繁殖的单细胞生物。它可以出芽，也可以分裂，用这样的方式来进行下一代的传递，之前从来没有人尝试过把酵母的染色体序列改变，从而得出一个全新的酵母物种。不过，现在世界上已经有这样的先例了。

我们都知道青蒿素可以治疗疟疾，以前获得青蒿素要从植物中提取，而今天只需要在一个 100 升的发酵罐里养酵母——当然是加入了青蒿素基因的酵母，然后就可以源源不断地获得青蒿素。一个 100 升的发酵罐可以相当于 5 万亩的植物种植量。

通过生命合成技术，我们就把酵母变成了一个真正意义上的细胞工厂，使得以前很多必须从农业天然种植当中得到的一些成分，甚至抗体或人血清白蛋白，都可以低成本大批量获取了。通俗地讲，现在大家正在尝试把酵母变成一个"炼丹炉"，通过合成生物设计把基因植进去，然后通过一系列的生物工程来收获高纯度产物，且它的理化性质和天然种植的完全一致。

生物工厂是合成生命的一个发展方向。单细胞生命合成实验成功之后，未来可以合成更复杂的生命，创造出这个星球上本来并不存在的物种。

---

1 https://www.science.org/doi/pdf/10.1126/science.aaf4831.

实际上，这样的"奇迹"早已发生了。2010年，《科学》杂志发文宣告：全球第一个合成生命正式诞生[1]。合成生命项目的主导者是美国生物学家克雷格·文特尔，他此前已经成功合成出细菌基因，合成生命是他的最终目标。为了圆梦，他和团队奋斗了15年，自掏腰包投入了数千万美元。最终，他们成功地将经电脑修改编码过的DNA片段，移入山羊支原体中，令新细胞开始分裂并制造出一种全新的蛋白质。文特尔给这个人工合成作品取名为"辛西娅"（Synthia，意为"合成体"）。

"辛西娅"诞生后，立刻震惊了世界，作为地球上一个全新的由人工合成基因组所控制的细胞，有人支持它，有人反对它。支持者说，一个新的生命能够从实验室里面被全新创造出来，并不需要像人类繁殖一样，需要一步步的"演化"步骤来完成，真是伟大的发明。反对者说，这和克隆出一个新的人类，是一样的道理，有悖伦理道德。

无论如何，科技潮流势不可当。在欢呼和谩骂声中，合成生物学正在大踏步前进着并展现出无限可能，尤其是和产业结合后它有了新的名字"工程生物学"（Engineering Biology）。或许它的终点——"人造人"，在技术上也越来越近了，但真能这么干了，对人类是好事吗？固然技术是中性的，然用者之心却有善恶。

---

1 Daniel G Gibson, et al. Creation of a bacterial cell controlled by a chemically synthesized genome. Science, 2010, 329 (5987)：52–56.

6

内心才知男或女，温度定我雄或雌?

2016 年 11 月，上海市率先建立了国内首座无性别公厕，自此之后，全国多地也开始出现类似的无性别卫生间。北京更进一步设置了专为跨性别及非传统性别人群设计的性别友善厕所，旨在为这一群体提供支持和保护。尽管"性别友善厕所"只是照顾极少数人群，但它的设立标志着社会文明的一大进步。体现了整个社会对于多元性别的包容和接纳。

从小我们接收到的性别观念，只有男和女两种。换言之，这也只是个标签而已，反过来叫是不是也行？实际上，人类的性别比我们通常理解的要复杂得多。如今，随着非传统性别人群勇敢地做自己，社会也变得越来越包容。比如，某著名舞蹈家改变了自己的性别，现在经常出现在大众面前，并深受观众喜爱，这在过去是不可想象的。

前面讲过，其实生物本来没有性别，因为要更好地适应自然选择压力，就出现了有性生殖。单细胞生物当然没有雌雄之分，还有很多物种性别可变。

人类最初并未形成性别意识，性别观念实际上源于社会学和伦理学范畴，而非纯粹的生物学概念。我们自幼年起便通过教育和社会化过程，接受"我是个男孩""她是个女孩"的性别标签，正是这种不断的强化塑造了我们的性别意识。性别本来不存在，只是讨论多了，也就有了性别。如果这个观念大家能接受的话，就比较容易接受性少数群体了。同性恋本身，是选择压力的结果。过去，一些同性恋会选择与异性结婚，但其内心是很苦闷的。随着社会包容度的提高，越来越多的同性恋勇敢地迈出了做自己的一步。知名的民调机构——法国益普索（Ipsos）集团，曾经在 2021 年 4—6 月，做过一次针对性少数群体的大型全球调查。益普索从全球 27 个国家网约到 2 万名成年人，进行抽样问卷调查，问卷内容涉及普通民众对性少数群体的看法、性少数群体本人对自己的性取向和性别身份的自我认同。调查结果显示，有 11% 的受访对象表示，自己的性取向为同性恋或者双性恋。

前面已经讲过，正常情况下，人类的体细胞染色体数目共有 23 对，其中，22 对是常染色体，只有 1 对是决定男女性别的性染色体。一般而言，男性为 XY，女性为 XX。也有很多人的染色体其实是 XYY，还有的是 XXX，我们称为"超男""超女"，其本身是一种性染色体的遗传性疾病。比如，XYY，学名"超雄综合征"（superman syndrome），其病因是由于父亲精子形成时发生问题，这颗精子一旦和卵子结合，会导致胚胎细胞天然带有 2 条 Y 染色体。除了"超男""超女"，还有两种常见性染色体病：一种是特纳综合征（Turner syndrome, TS），就是女性少一条 X 染色体，有半数患者是由父亲 X 染色体减数分裂不分离引起的；还有一种是克氏综合征（Klinefelter syndrome），就是男性多一条 X 染色体，人们将之称为先天性睾丸发育不全或原发性小睾丸症。

也就是说，性别并不是只有严格的男和女，那些体内多一条或者少一条 X 染色体、多一条或者少一条 Y 染色体的人，从生理上就决定了其有一种想变成其他性别的欲望。比如，某著名舞蹈家表示，他内心深处从小住着一个女性，所以他在青壮年期改变了自己的性别。实际上，很多跨性别人士，很早就对改变性别有着清醒的认识。

而说到一些昆虫，比如蝴蝶和蛾子，它们属于鳞翅目，其性别定义和人类相反。也就是说，雄性的两条性染色体是一样的，而雌性的则不一样，当然，这个雌性和雄性是人类定义的，人家自己能搞清楚怎样繁衍就行了。换句话讲，哺乳动物、鸟类，相当比例的昆虫，都是通过一性携带相同的、一性携带不同的染色体，来决定后代的性别。

当然，生命总会有例外，比如海龟的性别是由环境因素来决定的，这里面最核心的决定因素是沙滩的温度，而不是染色体。比如说巴西龟，温度高于 30 摄氏度，往往生出来的是母龟；而低于 25 摄氏度，可能就会孵化出公龟。这也符合我们上面讲到的：性别也可以是环境造就的结果。

一句话：生命本无性，人类自扰之。

7

单性繁殖引轰动，男性群体更惊恐

小时候我特别喜欢看《西游记》，其中一节是讲师徒四人路过女儿国的，我印象最为深刻。女儿国这个地方太神奇了，这里没有男人，却可以生儿育女。当时，唐僧和猪八戒不小心喝了子母河中的水，立马就怀孕了。女儿国的神奇之处就在于此：她们不需要男人就可以解决代代相传问题。

女性可能会感到高兴，因为可以避免生育之苦；而男性可能会感到不安，因为他们似乎变得多余。吴承恩先生在编织神话世界的时候，想必也没料到在今天这或将变成现实。

自然界中生物遵循着从简单到复杂，从无性到有性的演化过程。有很多原始动物，比如一些昆虫、鱼类等，包括爬行类动物，它们都能够进行孤雌生殖，也就是说它的卵子不用受精就可以发展成正常的个体。但对于高等哺乳动物来讲，必须要有性生殖，既要有雄性的精子，又要有雌性的卵子，两者进行结合，才能产生后代。两性生殖中，父亲这边的基因表达扮演着重要角色，也就是所谓的基因组印记。正是因为有了基因组印记的存在，才阻碍了孤雌生殖的发生。

实际上，利用孤雌生殖繁育的方法来培育哺乳动物的后代，科学家们历来都有尝试。2004 年，日本东京农业大学的研究专家做了如下实验：把两只雌性小鼠的卵细胞，在没有受精的前提下，结合起来，成功培育出来一只叫作"辉夜姬"的小鼠。也就是说，"辉夜姬"没有父亲，只有两位母亲。事实上，"辉夜姬"还曾有九个兄弟姐妹，但它们都没有活下来。东京农业大学将这一研究发表在了《自然》杂志上 [1]，因为是单性生殖的首次尝试而轰动一时。

2018 年，中国科学院的胡宝洋等多位科学家历时多年，终于在《细胞干细胞》(*Cell Stem Cell*) 上发表了重磅论文 [2]。这次中国科学家更胜一筹，繁殖出来的小鼠不仅得到了后代，还能够继续生长。具体来讲，他们的做法原理和"辉夜姬"差不多，把两个性别一样的小鼠细胞结合，来完成生儿育女任务。中国的科学家进一步尝试：把其中一个卵细胞的遗传基因做了删除处理，相当于把这个卵子性别转化成了一个精子的功能，这样来确保比"辉夜姬"实验存活率更高。事实证明，这一努力没有白费：29 只小鼠出生后很健康，有

1　Tomohiro Kono, et al. Birth of parthenogenetic mice that can develop to adulthood. Nature, 2004, 428 (6985) : 860–864.

2　Zhi-Kun Li, et al. Generation of Bimaternal and Bipaternal Mice from Hypomethylated Haploid ESCs with Imprinting Region Deletions. Cell Stem Cell, 2018, 23 (5) : 665–676.

7 只小鼠长大后还生下了后代。

2022 年 3 月 7 日，上海交大的魏延昌团队做了更前卫的尝试：通过基因编辑，让一只小鼠单独完成生育任务！这项突破性的研究最终发表在了《美国国家科学院院刊》上 [1]，证实了孤雌也是可以生殖的，轰动一时。

魏延昌团队设计的实验过程其实并不复杂，就是从一只雌性小鼠身上提取一颗优质卵子，然后对其展开基因编辑：第一步，找到卵子当中的父性印记基因，但是不做胡宝洋团队采用的删除处理；第二步，向卵子注射一种酶，使得锁定的 2 个父性印记基因和 5 个母性印记基因在小鼠体内完成"受精"。经过多次重复实验，基因编辑后的卵细胞，成功生育出 3 只小鼠，并且其中 1 只后来生育出了自己的后代。

男同胞们听到孤雌生殖研发成功的消息，在惊悚之余，是不是感到岌岌可危？但是，切勿因为自己的雄性地位被动摇，就急着去反对。孤雌生殖研究的实际意义其实很大，至少，它为我们未来的繁育、遗传病、畜牧业育种，都提供了一些全新的可能。

但男性读者不必过于担忧。例如，在 2023 年 3 月，日本九州大学的林克彦（Katsuhiko Hayashi）宣布 [2]，他们的团队首次成功地利用

1 Yanchang Wei, et al. Viable offspring derived from single unfertilized mammalian oocytes. Proc Natl Acad Sci USA, 2022, 119 (12) .

2 Murakami K, et al. Generation of functional oocytes from male mice in vitro. Nature, 2023, 615 (7954) : 900–906.

雄性小鼠的细胞培育出具有活力的卵子，实现了两只雄性老鼠间接产生后代的突破。当然，从实际应用的角度看，仅凭两只公鼠是无法完成所有生殖过程的，仍然需要有母鼠代孕，说"两只公鼠产崽"实则是不太准确的。

您也可以接着问，那如果未来有了人造子宫，两个爸爸生孩子将成为可能吗？

第六章
基因与脑认知

1

肉体复制已实现，记忆竟也可移植?

科幻电影中出现过这样的桥段：剧中人物意外去世，科技大佬就把他的记忆移植到机器人身上，于是，这个机器人就拥有了钢铁的身躯和人的思维。记忆真的能够像数据一样，随意地下载、上传吗？

目前的克隆技术已经做到了肉体复制。它将体细胞的 DNA 和卵细胞外壳结合，然后用代孕手段将它孕育出来。现在科学家又在研究人造子宫，未来肉体的永生即将成为事实，那么，意识永生可以做到吗？

之前有媒体报道，我们可以通过电脑人工智能模拟一个人的思想，综合这个人的生平记录、语言习惯等大数据信息，总结出一套规律，然后就可以虚拟它的对话，可这并不属于真正的思考。

关于记忆的形成，目前主流学派认为，神经元之间形成连接，记忆就产生了。每一次唤起记忆时，同一批突触就会重复激活，记忆就会再现。这也就意味着中枢神经细胞是不能随意再生的，因为如果它能再生的话，上一代生成突触而记载的记忆就全乱套了。比如，一个记忆的传导是由 a 到 b 再到 c，神经细胞再生了，这条记忆通路就不存在了。从这个角度来看，意识也不能再生，因为记忆通路是无法完全复制的。

但最近，加州大学洛杉矶分校（UCLA）发表在美国神经科学学会旗下 eNeuro 上的一项研究对这个流行了一个多世纪的观点发起了挑战。

这项研究 [1] 一经发布便立马引发热议，因为研究人员发现通过注射 RNA，记忆竟可能从一只动物转移到另一只动物身上！

这项研究的实验对象是软体动物海蜗牛，海蜗牛中枢神经系统有大约 2 万个神经元，虽然这个数量跟人类的 860 亿个神经元没法比，但它的细胞和分子运行规律跟人类的神经元非常相似，人们经常拿它来研究人类大脑和记忆。海蜗牛大家或许听得不多，却是不少科研人员的重要实验动物。如著名的神经科学家埃里克·坎德尔（Eric Kandel）教授，就曾以海蜗牛为实验对象，从而探索了记忆的存储机制，还因此荣获 2000 年的诺贝尔生理学或医学奖。

研究人员还发现，海蜗牛在被轻微电击之后，会自觉缩起身体，长达 60 秒。换句话说，海蜗牛在遇到刺激后很快就建立了自我保护

1 Alexis Bédécarrats, et al. RNA from Trained Aplysia Can Induce an Epigenetic Engram for Long-Term Sensitization in Untrained Aplysia. eNeuro, 2018, 5 (3).

机制。这种反应就相当于蜗牛的记忆了，也可以是一种条件反射，经过一定时间的训练后，这种条件反射会固化下来。像极了巴甫洛夫实验中狗的反应：每次一边摇铃一边给狗喂食，一段时间之后，只要铃声响起，狗的嘴巴就会分泌大量的唾液。

研究人员将形成条件反射的海蜗牛神经系统内的 RNA 分离出来，注射到一个从没有过电刺激体验的海蜗牛身上，神奇的事情发生了，这个海蜗牛遭到碰触时，它出现了同样的防御反应。

应激反应通过 RNA 移植，在海蜗牛身上实现了复制和传导。研究人员得出结论：RNA 能够运输记忆。

这一观点无疑具有颠覆性，毕竟过去人们一直认为，记忆存储靠神经元之间的突触连接，RNA 的主要功能是传递基因信息，不参与记忆的形成。该研究团队的负责人戴维·L. 格兰兹曼（David L.Glanzman）则大胆推测：RNA 在参与记忆的形成过程中，神经元之间的连接形成靠的就是 RNA 携带的信息。

当然，目前学术界对这一假设有很多质疑的声音，柏林三一学院的托马斯·莱恩（Tomás Ryan）教授就曾直言不讳地指出[1]，尽管海蜗牛实验令人钦佩，但实验的结论——RNA 直接运输了记忆，仍值得商榷。毕竟，有一个问题实验还没给予回答，即 RNA 起效时间动辄数分钟，可记忆的形成往往在瞬间产生，那么 RNA 究竟是如何对其产生影响的呢？它的具体作用机理又是怎样形成的呢？

1　https://www.biotechniques.com/drug-discovery-development/can-memories-be-transferred-with-an-injection/.

　　虽然针对记忆的存储与传输问题已有上万篇学术论文发表探讨，但至今尚未得出一个明确统一的解释，这也是科学研究的魅力所在，它吸引着人们持续探索，不断向未知的领域迈进。

2

习惯记忆代代传，意识刻在基因里

老鼠身上有一种神奇的表现，一只从来没有见过猫的老鼠，在第一次见到猫的时候，它会本能地害怕、逃跑，这就像是刻在 DNA 里的东西。从科学角度如何解释这一现象呢？

2019 年 6 月 7 日，《细胞》（Cell）杂志在同一天刊登了两篇关于记忆是否可以遗传的重磅文章，它们指向了一个结论：通过线虫实验观察，记忆不仅可以遗传，而且可以遗传 3～4 代。

我们都知道线虫、果蝇、小鼠、家鸡，它们是科学实验中的模式动物或模式植物，帮助我们人类得了很多诺贝尔奖，它们的生理和病理过程与人类或异种动植物有着很多相似之处，可互为参考。这两项研究就是以线虫为实验对象，它的基因组中的基因数量几乎和人类基因组的基因数量相同。

第一项研究是由特拉维夫大学的奥德·雷查维（Oded Rechavi）

教授领导的[1]，研究发现，线虫虽然没有中枢神经系统和大脑，是比较低等的物种，可它有神经系统。它的神经系统可以通过神经元与生殖细胞进行信息交流，如此，生殖细胞就可以把它上一代的信息传递给下一代了。传递的信息里既有经典的遗传，也有表观遗传。这项研究确定了神经元向后代传递信息的模式。

具体来讲，这种传递是通过神经元中一种小 RNA 分子进行控制的，线虫是通过气味觅食的，当研究人员切断了线虫体内的小 RNA 后，线虫和它的后代就会在食物识别上出现缺陷；当恢复了线虫体内产生小 RNA 的能力后，线虫再次具备了高效觅食能力，这种能力能维持好几代。

这一结论挑战了当代生物学中的一个基本理论：大脑活动仅仅是对于这一代的，而不会对后代产生任何影响。

不过我们还不清楚，这种类型的记忆遗传是只在线虫中发生，还是可以去影响比线虫更高等的具有中枢神经系统的生物，特别是人类呢？暂时还没有答案。正所谓宁可信其有，不可信其无，这个实验也给那些备孕期的父母提了个醒：坏习惯可能对我们的后代有非常不利的影响，我们要时刻注意保持好习惯。

如果说第一个实验是聚焦在线虫"趋利"研究的话，那么第二个实验则将重点放在了"避害"上。

之所以会有第二个实验，研究人员的思路是这样的：线虫在自

1　Rachel Posner, et al. Neuronal Small RNAs Control Behavior Transgenerationally. Cell, 2019, 177 (7) : 1814–1826.

然界中分布非常广泛，很多溪水边都有线虫的踪迹。在这样的生存环境下，线虫有机会接触各种各样的微生物，包括细菌。有些细菌对线虫来讲是一顿大餐，有些细菌对它则有致病作用，甚至会杀死线虫。既然这样，那么线虫有没有可能从父母那里得到一些继承的信息，为判断哪些细菌是危险的做好准备呢？这样的话，后代就可更为安全地度过危险的生境。

因而，普林斯顿的研究人员对此展开研究[1]，他们发现，线虫一旦学会了如何避免可以致病的铜绿假单胞菌（PA14），就可以将学到的信息一代一代地向后代传递，从它的第一代一直传到第四代。但是它们身上究竟发生了怎样的变化呢？

他们发现 TGF-β 配体 DAF-7 在线虫感觉神经元中的表达与它躲开这种细菌的行为具有正相关性。在已经学会了躲开这种细菌的第三代、第四代的线虫中，DAF-7 的表达水平出现了明显的升高。就像从来没见过猫的老鼠会下意识避开猫一样，从来没有见过这种致病菌的线虫也会自动躲开这种细菌，它的原因就在于神经系统所分泌的一种配体在神经元中的表达水平有了变化。

跟第一个实验一样，避害的遗传作用会不会出现在人类身上呢？这是大家最关心的话题。

虽然没有确定的答案，但有两个经典案例也可供我们参考。

其一，美国"9·11"事件后，目睹了整个事故过程的孕妇，她

1 Rebecca S Moore, et al. Piwi/PRG-1 Argonaute and TGF-β Mediate Transgenerational Learned Pathogenic Avoidance. Cell, 2019, 177 (7)：1827-1841.

们的后代中发生神经性抑郁的概率要比正常的孕妇高。

其二，1944 年，"二战"后期，纳粹党封锁了荷兰产粮区，一场大饥荒席卷荷兰，共计饿死了 3 万余人，这场灾难被荷兰人称为饥饿冬天。后来，人们发现，荷兰孕妇所生的孩子及孙辈在体形上会偏瘦小，且易于患肥胖症和糖尿病，而原因就是饥饿的痛苦记忆通过表观遗传影响了后代，让他们一直误以为"匮乏"，继而产生了报复性饮食。

相较于线虫，人类的中枢神经系统结构更为复杂，因此记忆是否能在人类中实现遗传，目前尚未得到确证。不过，这些实验让我们对记忆有了更深刻的认识。动画电影《寻梦环游记》中有一句经典台词："真正的死亡是世界上再没有一个人记得你。"也就是说，被全部活着的人们遗忘后，一个人才算从这个世界上真正地消失。换句话说，如果我们能永远活在别人的记忆里，也就意味着永生。因此，我们应该趁着活着的时候，多做一些有价值的事儿，做一些让世界变得更加和谐美好的事儿，给人们留下美好的记忆。如此，哪怕肉体不在了，我们仍旧"活着"。

3

老人絮叨是好事，沉默寡言易痴呆

《世界阿尔茨海默病流行病学报告》中的数据指出，每经过 3 秒钟，就有 1 个人被确诊为阿尔茨海默病（俗称老年痴呆），在 65 岁以上的老年人群体中，该病症的发生率约为 10%，而在 85 岁以上的老龄群体中，这一比率则升至约 50%。患者的平均生存期仅为 5.5 年。基于此，世界卫生组织已正式将阿尔茨海默病列为"人类第四大健康杀手"，前三大"健康杀手"各国排名不同，但都是心血管病、脑血管病和癌症。

阿尔茨海默病的关键标志是大脑中出现了两种蛋白质的聚集：淀粉样蛋白斑块和 tau 缠结，这两种蛋白都具有神经毒性。但论起阿尔茨海默病的起因，学术界至今仍一头雾水，也争得面红耳赤。目前已知的是，这种病症的发现一般都较晚，主要针对老年群体。其主要表现为记忆力、语言能力减退，计算能力丧失，判断力、注意力变差，情感和行为出现障碍，独立生活和工作能力的消失，对患者本人及其家人都有非常恶劣的影响。

　　那有没有办法治疗呢？目前还没有特别有效的医疗手段。不过，科学家已经在研究阿尔茨海默病的致病机理，并试图通过多种角度寻找治疗路径。2023 年 7 月，一种名为仑卡奈单抗的人源化单克隆抗体产品得到了美国 FDA 的无附加条件批准，这是 20 年来首款获批用于阿尔茨海默病的新疗法。它可以选择性中和并清除导致阿尔茨海默病神经病变的可溶且有毒性的 β - 淀粉样蛋白（Aβ）聚集体，从而减缓发展进程，有望改善轻度阿尔茨海默病病情。同年 9 月，仑卡奈单抗也在中国批准上市。

　　谈及于此，大家或许纳闷的是为什么阿尔茨海默病之前很少见，现在医疗条件变好了，可此病的发病率反而变高了呢？

　　问到根子上了，当然还是跟人类世界的平均寿命脱不开干系。须知，1 万年前，人类的平均寿命只有 15 岁；100 多年前，才将将达到 30 岁；新中国成立前，中国的人均寿命不足 39 岁；而现在中国人的平均预期寿命已达 79.2 岁了。据最新的统计数据显示，日本人的平均寿命已高达 84 岁，中国香港地区的人更是达到了 86 岁。

　　归根结底，人类从未像现在这么长寿过。伴随着生命长度的不断拉长，社会中出现了越来越多的老年群体，这才使得阿尔茨海默病这种跟年龄有直接正相关的疾病逐渐成为主流。

　　那阿尔茨海默病和基因有着多大关联呢？2012 年，美国波士顿大学的研究人员对 801 名百岁老人进行全基因组关联研究 [1]，发现了和寿命关联比较大的几个单核苷酸多态性位点，其中 *APOE* 被公认是与长寿密切相关的基因。

APOE 是一种脂质运输载体，参与体内胆固醇代谢，它与阿尔茨海默病及冠心病发病都有关系。*APOE* 有三种基因型，分别是 E2、E3 和 E4。每个人体内含有一对，所以可以排列组合出多种组合，比较常见的有 E2 型，携带这类基因的个体不太容易患上阿尔茨海默病；携带 E3 型基因的人最多，占 78%；而一旦组合为 E4 型，携带这类基因的个体最容易患上阿尔茨海默病和冠心病等。当然，有弊亦有利，也有文献证明携带 E4 型的个体在对抗高血脂和减少肝脏损伤上具有优势 [2]。

绝大部分人体内，这三个基因是一种杂合的状态，我们可以通过基因检测，预估得病风险，却无法将它看作绝对的判断依据。

实际上，每个基因也都有反例，致病风险高的人可能一辈子都不会得病，致病风险低的人反而早早就得病了。从这个角度看，所有人都应该做好老年痴呆的预防。

或许大家都有这种经历，回到家，听到年迈的父母絮絮叨叨地说话，会觉得很烦。殊不知，父母絮叨，我们更应该庆幸，因为那

---

1 Paola Sebastiani, et al. Genetic signatures of exceptional longevity in humans. PLoS One, 2012, 7 (1) .

2 Ahn SJ, et al. Association between apolipoprotein E genotype, chronic liver disease, and hepatitis B virus. Clin Mol Hepatol, 2012, 18 (3) : 295–301.

些特别沉默寡言的人，更容易患上老年痴呆症。有些人出现了一些
老年痴呆的早期的症状，把他放到一个需要不断用语言交流的群体
中，他的症状是可以延缓的。这也就提醒我们，家有老人的话，一
定要常回家看看，多陪老人说说话。絮叨的时候，老人尤其喜欢回
忆，我们陪着他聊聊大脑深处的记忆，也就激活了他大脑里神经元
的连接。家有一老，如有一宝。在享受天伦之乐的时候顺便理理大
脑，何乐而不为呢？

4 /

神经再生有可能，人到九十还在长

2019 年 1 月，西班牙马德里自治大学的科研团队在权威期刊《自然医学》（*Nature Medicine*）上发布了一篇论文[1]，文章声称：健康成年大脑会不断产生新神经元，可持续到 90 岁！

这一结论可以说是一个大反转。早在 2018 年 3 月，加州大学洛杉矶分校和中国的复旦大学的学者联合发表的文章曾给出一个结论[2]，表明人类大脑神经元的再生数量与大脑发育成反比，即你发育得越成熟它数量越少。并认为一般 5 岁以后，神经元的发育就关闭了。

基于这个观点，业内有很多侧面的佐证。比如，为什么我们能

1　Elena P Moreno-Jiménez, et al. Adult hippocampal neurogenesis is abundant in neurologically healthy subjects and drops sharply in patients with Alzheimer's disease. Nat Med, 2019, 25 (4) : 554–560.

2　Shawn F Sorrells, et al. Human hippocampal neurogenesis drops sharply in children to undetectable levels in adults. Nature, 2018, 555 (7696) : 377–381.

记住昨天发生的事儿?

与肝脏、肾脏、心脏等身体的其他细胞不同,大脑的细胞是个特例。其他细胞负责的工作是单一的,比如肾脏负责过滤、肠胃负责吸收,而大脑除了它自身的结构功能外,还需要通过神经元跟身体的各个器官产生关联。如果神经元不断更新,昨天能传达给大脑的信息数据,今天就可能因为之前的神经元老化或已经凋亡而传递不通了。

以人类的记忆为例,昨天记着的事情,今天很可能就忘了。整个人就会处于完全混乱的状态。而人上年纪后患阿尔茨海默病、帕金森病,也是因为人类大脑的神经元细胞不再更新,慢慢地退化了。

两个完全相反的观点,到底哪个更加可信呢?

西班牙马德里自治大学的科学家们在论文中强调:我们是在严格受控的条件下得到的大脑样本,并使用了最先进的组织处理方法,是先进且靠谱的。

他们的研究对象是 13 个死者大脑。这些死者年龄在 43 到 87 岁,他们活着的时候,没有任何神经方面的疾病史,年老的也没有老年痴呆症。总之,是健康的成年人大脑。

在这个前提下,西班牙研究团队运用免疫荧光和免疫组化技术,在逝者大脑的海马齿状回区域检测到了丰富的 DCX(双皮质素)信号。DCX 表达发生在神经元的分化阶段,发现了大量的 DCX 信号就证明这些神经元重新分化了,它是在不断积极生长的。为确保实验的可靠性,研究人员反复更换了四种不同的 DCX 抗体,最终确认,海马齿状回部位出现的阳性信号，就是 DCX 信号。

根据以前的研究结果，不同分化程度的神经元长得不一样，它有两种不同的钙结核蛋白，早期是 CR，晚期也就是成熟的时候是 CB。科学家进一步用 CR 和 CB 来区分，最后发现，在脑组织样本中，CR 和 CB 全都存在，覆盖了神经元的整个生长期。这让人们更加确信了神经元是在周而复始、不断再生的。

这也间接证实了为什么很多大咖，直到八九十岁的年纪，头脑依然敏锐。他们大脑中的神经元或在不断地再生。

西班牙科学家们还有另外一组实验样本：年龄在 52～97 岁的阿尔茨海默病患者死后的大脑。他们发现，阿尔茨海默病患者大脑中的新生神经元的数量少于同期健康人的数量，也少于正常衰老的年长者。并且，阿尔茨海默病患者大脑中的新生神经元分化为成熟神经元的比例也比正常人低。也就是说，阿尔茨海默病并不是生理性的衰老症，而是一种神经系统异常导致的疾病。

科学家进一步提出了一个可能：通过刺激神经元再生或者用自体的神经元细胞培育之后再植入回去，以此来提升大脑中的新生神经元数量，继而来治疗阿尔茨海默病。如果真的得以成功实现的话，不可谓不是阿尔茨海默病患者的福音。

关于过去"神经元停止发育"的研究结论，西班牙科学家们也给出了理由：关键在于大脑样本上。他们发现，大脑样本浸泡超过 12 小时，关键信号 DCX 就消失了。而过去实验中的大脑样本浸泡时间都在 24～48 个小时，而他们将时间全部控制在了 12 小时以内，实验结果因此才出现大反转。

也就是说，在实验对象死亡的短短几个小时内，科学家就拿到了大脑样品。新的研究结果要格外感谢大脑捐赠者为科学研究做出的贡献。

当然，就我而言，我是始终相信并期待神经元是具备再生功能的，脑子清醒是"高质量活得久"的必然需求。希望科学家们有进一步的发现并早日干预。这不仅仅是为了疾病，更是百岁人生时代的必然需求。

5

脑机科技新突破，隔空取物不是梦

大脑中复杂的各类操作，能否通过某种方式连接并传递出来，实现用意识操控外物？

特斯拉的创始人马斯克就做过类似的脑机接口实验。2016 年他创立了 Neuralink 公司，专门研究脑机接口技术——将人脑与计算机系统融合，实现脑机通信。2019 年 7 月，Neuralink 公司公布了"脑后插管"的黑科技，他们在头骨上钻孔，然后植入芯片，通过这种方法让大脑与微小的电极相连，最终有助于恢复颅脑外伤患者的大脑功能。在脑机接口技术发布会上，马斯克表示，不久以后，芯片植入大脑，会更加人性化，就像激光矫正视力手术一样简单，不需要做全身麻醉，不需要望而生畏式侵入性导入。一年后他的愿望实现了。

2020 年 8 月 29 日，马斯克召开发布会，向世人展示了最新一代脑机接口产品。就跟科幻片里一样，这套产品由一枚硬币大小的芯片和一台简单的手术设备组成。手术设备可以在一小时内将芯片植入大脑，不需要对人体进行全身麻醉，并且可以全自动完成。

这个小小的芯片能够感应温度、气压，还可以读取脑电波、人体脉搏等生理信号，还能做到远程数据无线传输。在发布会上，马斯克还宣布：Neuralink 的脑机接口设备，已经获得 FDA 的"突破性设备计划"许可，这意味着脑机接口技术可以在人类身上进行植入实验了。

2021 年 1 月，Neuralink 就在两只猴子头骨里植入了无线设备，使它们能够直接通过大脑意念来参与乒乓球游戏互动。猴子的大脑和人类的大脑比较接近，在猴子身上实验成功，让 Neuralink 公司更有信心了。到了 2023 年 5 月 25 日，Neuralink 终于获得 FDA 的批准，正式启动其第一项人体临床研究。

Neuralink 的突破，让世人欣喜的是，过去脑机连接的画面只出现在好莱坞科幻电影之中，如今却在现实中出现了。必须承认的是，大脑作为人体最重要的器官，它的构造实在是太复杂了！人脑大约有 860 亿个神经元，而这些神经元之间互相相连的方式错综复杂，它们的信息处理方式也五花八门。为了摸清大脑内部结构、洞悉其运行规律，数百年来，科学家们前赴后继，煞费苦心。但令科学家们沮丧的是，迄今为止人类只破获 5% 左右的大脑机理（这还是他们自己以为的比例），还有更多的大脑奥秘等着被发现。

此番脑机接口技术的突破，将帮助大脑研究者进一步认清人类的大脑，并有望创造出靠谱的人造大脑，为特殊人群造福。

　　近些年，政府、学术界和产业界都对脑机接口研究表现出了非常大的兴趣。比如，脸书就有工程师开发出了一种脑机接口，它能让人们用大脑打字，只需想一想，大脑中的文字就浮现出来了，这种技术能极大地造福盲人。另外，脸书也在研究另一种造福聋哑人的新技术，依靠这种新技术，聋哑人可以不靠耳朵仅靠皮肤就"听"清世界。中国也有家很酷的新锐公司叫作强脑科技 BrainCo，目前也取得了多项突破。2023 年 10 月 22 日晚，第 4 届亚洲残疾人运动会在杭州正式开幕。开幕仪式上，中国代表团游泳队的徐佳玲作为最后一棒火炬手登场。她穿戴 BrainCo 提供的智能仿生手，用"意识"操控仿生手成功点燃火炬。

　　伴随着干细胞技术、3D 打印技术、脑机连接技术的日趋成熟，再生医学即将迎来下一轮突破，而科幻世界里炫目的脑机科技也正在成为现实。

6

大脑数据可公开，商业利用要有度

　　乔治·奥威尔 1949 年创作的《1984》，与扎米亚京的《我们》、赫胥黎的《美丽新世界》并列"二十世纪反乌托邦三部曲"小说。而在时隔 60 年后，日本作家村上春树出版了一部向乔治·奥威尔的《1984》致敬的小说，名叫《1Q84》。该书和《1984》一样，描绘的是极端世界，即每个人都生活在一个没有秘密和隐私的环境中，不管是在家里边说悄悄话，还是在角落里和别人聊天，都被一个看不见的眼睛凝望着。我们现在发现，随着互联网技术的不断迭代，我们的生活越来越接近无死角监控状态。

　　除了卫生间不能装摄像头，几乎其他场所，天眼系统都看得见。而之前有一部叫作《窃听风云》的港片告诉我们，虽然洗手间不能装摄像头，但是人在洗手间聊的任何话，通过技术感应玻璃的震动，都能被窃听得一清二楚。据说，这部港片当中的很多技术都很容易实现。

在《1984》中有这么一句话："我们唯一能控制的就是大脑内部的几个立方厘米。"说的就是，当年人的大脑还没有办法被检测，至少思想还可以自由。而如今随着脑机连接技术的发展，人的思想恐怕也将受到监控。

1949 年奥威尔创作的《1984》就展示了一个对人身全方位监控的世界，未来我们的心灵隐私如果被全部曝光，人体的最高指挥官被攻陷，那时候该怎么办？有人呼吁，从伦理上施加压力，让科学家谨慎研究，做出对人类正确的决定。但是，在利欲熏心的驱使下，道德的约束已经不管用了，务必通过法律手段设立严格的规制，并施以最大程度的惩罚措施来遏制滥用此类技术的趋势。

事实上，已经有国家走在前面，在致力于将脑数据保护立为人权法案。比如，2021 年智利政府高度重视神经科学家拉斐尔·尤斯特（Rafael Yuste）的建议，同意将"保护大脑数据"列为一项人权[1]。同年年底，在苏黎世联邦理工学院神经伦理学家马塞洛·伊恩卡（Marcello Ienca）的极力推动下，欧洲经济合作与发展组织也通过了一套新原则来规范大脑数据的使用[2]。这套新原则被视作脑数据保护的第一个国际标准。

甩开键盘，用意志来玩游戏，穿戴读脑设备来洞察睡眠质量……大脑数据的不断商业化，只怕最终会将人类推向毁灭的地狱。

1　https://en.unesco.org/courier/2022-1/chile-pioneering-protection-neurorights.

2　https://www.oecd.org/science/recommendation-on-responsible-innovation-in-neurotechnology.htm.

大脑记录用于预测用户的未来行为、大脑状态以及与用户身份有关的其他活动，如此一来，人就彻底失去了自由。马塞洛·伊恩卡批判性地将某些神经科技公司对大脑数据的商业化利用称为"神经资本主义"。他认为，如果任其发展，后果不堪设想。他主张将认知自由权、精神隐私权、精神完整权、心理连续权尽快写入法律。

　　神经伦理学家的担忧并非杞人忧天。大脑数据是人类隐私的最终避难所。大规模的大脑数据收集一旦启动，在资本的介入下，科技对终极避难所的冲击速度，会比我们想象的要更快。

　　我们鼓励科技创新，但是创新的方向是向上和向善，决不能以自取灭亡为代价。在这个"恐将滥用"的技术取得重大突破之前，法律必须先行。现在的文学作品在塑造人物时早已不再非黑即白，而大众越来越接受这样的观念：人是极其复杂的综合体，并无好坏。任何人既可能有阴暗的一面，也可能有最柔软的地方。因此，心灵的隐私必须得到法律保护。

7

强迫遗忘很困难，要比记忆更费脑

热播电视剧《倚天屠龙记》中，张三丰教张无忌学太极剑法的那一段，让人记忆深刻。

张三丰教完五十四式剑法，问道："都记得了没有？"张无忌道："已忘记了一小半。"张三丰道："好，那也难为你了。你自己去想想吧。"张无忌低头默想。过了一会儿，张三丰问道："现下怎样了？"张无忌道："已忘记了一大半。"后来，又经过几轮，张无忌终于说忘得干干净净了，张三丰才算把剑法完全传给了张无忌。

别人教授弟子，都看记住多少剑法，而张三丰却看"忘了多少"。而且，张无忌吃力忘记的模样似乎也有悖常理：在一般人看来，忘记一件事应该比记住一件事要简单。

然而一个最新的研究却证明：忘记比记住要更难，因为它要消耗更多的脑力！

电影《盗梦空间》有一句经典台词："当你试着不去想大象的时

候，你首先想到的就是大象。"

强迫遗忘有时反而会强化记忆。从理论上来说，抹除记忆确实更为困难。生活中常有这样的体验，我们越想干什么就越干不成，越不想发生什么就越会发生。这有一点儿像在电脑硬盘中写资料和删除资料，删除资料要想删得彻底很费劲，以致很多维修师傅建议用新的资料去覆盖之前的空间……

人生不如意之事十有八九，对于那些糟糕的记忆，比如事业失败的记忆、创伤后痛苦不堪的记忆、遭遇职场或者校园霸凌的记忆……大家都想抹掉，但是，忘记不堪的往昔，又是很难做到的事情。尤其是创伤性记忆，根本就是刻骨铭心，想忘记实在太难。比如，战争之后的创伤症患者，一心想要忘掉经历过战争场面，但一辈子都做不到。士兵目睹战友离世，或者看着他们遭受敌人摧残，自己身体被折磨得不成样子；普通人见证至亲的人遭遇癌症痛苦，或者意外死亡……此后很长时间都会出现在常人看来不可思议的应激反应。这就是我们经常听到的 PTSD（创伤后应激障碍）。

得克萨斯大学奥斯汀分校主导的这项研究[1]，就是奔着帮助人们治疗创伤类精神疾病而来的。

实验是这样设计的：让参与者快速看几组图片，其间提醒他们该记住哪些图片，要忘记哪些图片。研究人员用功能性磁共振仪器，全程记录下参与者的大脑反应，结果发现，当参与者被要求忘记某

1 Tracy H Wang, et al. More Is Less: Increased Processing of Unwanted Memories Facilitates Forgetting. J Neurosci, 2019, 39 (18) : 3551-3560.

些让他们不适的图片时，他的大脑腹侧颞叶皮质的活动较为激烈。腹侧颞叶皮质区域可是专门负责处理感官和知觉信息的区域，包括复杂的视觉信息。

换句话说，该项研究证实了：人的大脑有抹掉记忆的能力，但删除能力与信息的难易成正相关。比起面部图像来，人类更容易忘记场景图片。比如说，给受试者看山水风景，看再多次也记不住太多，但给受试者看人脸，尤其脸上还有一些表情信息，他更容易记住。这是因为脸上传递的信息量是有限的，高兴就是高兴，难受就是难受。但场景在表达什么，并不是特定的，这种情况下就更容易被遗忘掉。

这项研究的作者最后指出，要想很好地忘却，要保持大脑适度活动。大脑活动太激烈，会加深不好的记忆；大脑活动太微弱，也没法忘却。

必须指出的是，记忆的物质基础，到今天为止，大家依然还不是特别清楚。我们最多知道了它会在哪一个脑区。同样，记忆本身并不是静态的，而是一个动态的过程。每天都会发生很多事，人不可能什么都记得，但也不可能什么都忘了。通常，经过神经元之间的突触连接，或者说它的拓扑结构进行更新、变化和重组，来进行强化。大部分的记忆和遗忘，是在睡眠过程中自动发生的。所以很多人习惯在睡前背书，睡前背的书在梦中会被加强记忆。很多人在考试前，做梦都在考试。虽然很累，但是从短时效果看，还是不错的。这就是"临阵磨枪，不快也光"的原因所在。

　　有人进行过一项实验，尝试通过阻断海马体功能以实现遗忘效果，这一实验仅在老鼠身上得到了验证。科学家在老鼠的海马体中注射了一种蛋白阻断剂，实验结果显示：老鼠学习新东西的能力并没有因此而显著下降，但是其记性明显下降了，就是说学得快也忘得快。也就是说，阻断干预起效了。

　　遗忘难，还有一个"证据"。目前大量研究已表明，美好的童年记忆对人的一生有着积极影响，正如心理学家阿德勒所言："幸福的人终生都被童年治愈，而不幸的人终生都在治愈童年。"因此，父母一定要在孩子小的时候，尽可能给他们一个愉悦的成长环境，这不仅仅关乎孩子的心理健康，也关乎他们的下一代成长。

8

人脑程序真复杂，高效却也易出错

今天如果有人问：人脑跟猴脑 PK，到底谁更胜一筹？身边人肯定会说：这个问题还用问吗？人肯定是最聪明的，肯定更胜一筹。

人的智商确实更高，但未必就比猴子快乐，也更容易患精神类疾病。这就像越复杂的机器，越容易坏，而且不好修。这个道理同样适合人脑。2017 年，美国南加利福尼亚州克莱蒙特市培泽学院心理学研究所对一个拥有近 4000 名成员且智商全在 130 以上的俱乐部进行调查发现，其中患有精神类疾病的比例竟然达到了 20%[1]。

照理说，人智商越高，越容易"想通"事情，患上精神疾病的概率应该比较低才对。为什么恰恰相反呢？

其实，人之所以为人，有几个核心的关键点，比如说直立行走、学会用火、制造工具、语言的产生。语言的产生，是人和猴子、大

---

1 https://www.sciencedirect.com/science/article/pii/S0160289616303324.

猩猩彻底区分开来的重要标志。语言的产生,需要解锁下颌骨,同时让大脑的颅腔变大。

曾经有一个新闻,说有一只美国的大黑猩猩,可以用手语和人进行交流,它甚至还与已经去世的电影明星罗宾做过类似亲密交流,当它得知罗宾去世之后,还表现出一种很伤心的精神状态。

这只可以用手语交流的大黑猩猩,已经很厉害了,但是它依然无法表达抽象的、复杂的思想。只有语言文字,才可以把天马行空的想法传递出去。所以,人的脑容量必须是很大的。不过,人类并不是所有的物种当中脑容量最大的。

早期智人尼安德特人就比现代人类的脑容量要大。尼安德特人是现代欧洲人祖先的近亲,早在 24000 年前,这一支古人类就消失了。考古学家认为,尼安德特人虽然消失了,可他们的基因却遗传了下来,非洲以外的现代人身体里有 1%~4% 的尼安德特人基因。

尼安德特人的典型特征就是脑容量特别大,足足有 1800 毫升,相较之下,现代人类的脑容量大约是 1400 毫升。但是脑容量大就聪明吗?不见得。据推测,尼安德特人在思考决策和语言表达等能力上,远不如现代人。还有一些物种,比如说大象和蓝鲸,其脑容量也比人要大,但和体形相比较的话,人类还是远远胜出了。

整体而言,从腊玛古猿到南方古猿,到猿人,再到智人,最后到现代人这个演化过程中,脑容量在不断上升是不可否认的事实。随着人类脑容量的增加,大脑的功能越来越复杂。在众多生物中,只有人的大脑有情感,有记忆,有复杂的思想,从而稳坐"万物灵长"宝座。

遗憾的是，在人类凭借智慧掌控地球的同时，也承受了许多其他生物所未曾经历的困扰。

为了揭晓"为什么人类拥有了高智商，却更容易得精神类疾病"，美国的神经生物学家开始对人类进行了前所未有的"分区"研究，其主要研究方向在两个相对不同的脑区，一个叫作杏仁核，从解剖学上看，它就像一个杏仁；另一个区域是属于我们高等物种才有的扣带回皮质。这是灵长类长出的最后一块脑区，具备强大的学习能力和处理复杂认知的能力。与扣带回皮质相关的一个重大疾病，就叫"扣带回综合征"，其表现为失认、失用、失语三大主征。患有该症的人，对疼痛刺激无反应，对语言文字及事物的表达能力丧失，无瘫痪但无法做有意识的运动，经常大小便失禁。由此可见，扣带回皮质的"掌控能力"有多强悍。

2013 年，美国前总统奥巴马把神经生物学更名为脑科学，鼓励脑科学家在药物治疗无效的癫痫患者身上去进行单个神经元研究实验。通俗来讲，癫痫患者就是一部分脑的电传导串线了，所以医生想知道哪部分出问题了，就需要做开颅手术。开颅了以后，还要在术中去唤醒。即使非常厉害的主刀医生，对这类手术也非常谨慎，因为操作稍有不当，就会对大脑造成极大损伤。

为了找到癫痫发作的起源，脑科学家在癫痫患者的大脑中植入一系列精细电极，并记录电极活动。这些记录数据后来被脑神经专家用来比对人脑和猴脑的区别。比对之后，脑神经专家发现，人类神经元与猴子神经元活动都具有两个特性：稳健性和效率[1]。

人和猴子的共性是，杏仁核脑区的神经元信号，都比扣带回皮层脑区的神经元信号强。相比猴子，人类的两个脑区的神经元信号更不稳定，但是效率更高。

这一研究结果说明人类牺牲了一些大脑稳健性来提高其效率。如同一台高配电脑，同时开 N 个程序，切来切去很可能就蓝屏了。人类永远是在效率和稳定性之间寻找一个平衡。举个例子，同时看见一只老虎，也许猴子立马就跑，但人类会做一个"跑与不跑"的分析，这个瞬间反应，可能导致后面的慌乱，甚至最后吓傻在原地。

通俗地讲，相比动物，人类大脑更加高效，在进行利益的权衡取舍时，大脑运转很快，决策和办事效率更高，但是这种高效，或是以牺牲"稳健性"为代价的。换句话说，人脑"软件"运行效率很高，但经常"纠结"或"出错"，这就解释了我们讨论的问题。

1　Raviv Pryluk, et al. A Tradeoff in the Neural Code across Regions and Species. Cell, 2019, 176 (3) : 597–609.

9

身体躺平脑躺赢，"回放"学习可真行

最近网络上流行一个词叫作"躺赢"。躺平在那里，就能赢吗？实际上，科学家们还真研究了：即便是平躺的状态下，人的大脑也是有机会赢的。在清醒状态之下，躺着休息，人的大脑，可以 20 倍速回放刚才学过的知识、技能与动作。

人的大脑从不闲着。很多人都会有这样一种感觉，在睡觉时，突然能记起很多事情，不会说的英语会流利地说了，很多现实中做不到的事情梦中也做到了。甚至有些人在梦中还能自己查字典。

其实，在梦中，的确是有一部分脑细胞处于活跃状态。但它们是以什么样的速度运行的，一直是一个谜。

这篇发表在《细胞报告》（*Cell Reports*）上的文章[1]，第一次明确提到"20 倍速"这个说法。很多人就纳闷了：这个数字是怎么测到的？

1　Ethan R Buch, et al. Consolidation of human skill linked to waking hippocampo-neocortical replay. Cell Rep, 2021, 35 (10) .

大脑真的存在一个播放按键，可以 1 倍速、2 倍速、20 倍速地测算吗？

事实上，大脑还真有类似暂停的功能。很多人对此深有体会：学新技能的时候，在练习的过程中，频繁地插入各种各样的打断时间，实际上记忆力会得到巩固。比如，有时候，我会同时看几本书，把不同科目的书各打开一本，穿插着看，效果更好。这种现象有个专业的名词，叫作"记忆间隔效应"。

在 19 世纪晚期的时候，德国心理学家赫尔曼·艾宾浩斯（Hermann Ebbinghaus）提出了著名的"遗忘曲线"，全面诠释了随着时间的推移记忆能力不断下降的过程。艾宾浩斯认为，遗忘是一个过滤器，它会过滤掉大脑认为不重要的东西。这一发现还给人们打开了一个对抗遗忘的窗口，善加利用遗忘规律，我们就能有效提升记忆能力。

艾宾浩斯对人类记忆有项定量研究。该研究表明，记忆和遗忘规律呈现曲线状态。人类大脑在记忆形成过程中，会产生三种类型的记忆，即转瞬即逝的"感觉记忆"、短时记住的"工作记忆"和长时不忘的"联想记忆"。以记单词为例，读两遍单词，我们的大脑就会在几秒钟之内产生一个"感觉记忆"，这个感觉记忆，一般在三四秒内就会消失。

"工作记忆"的延续时间要比"感觉记忆"长，但因人而异，有些人能记住 4 个小时，有些人能记住 16 个小时，大多数人的记忆时长在这之间。关于短时记忆，大家都能体会得到，比如你遇到一件急事，会用各种办法强迫自己快速记住。但是，真到用的时候，却一下子又什么都记不起来了，这便是短时记忆，即记住后又会立马遗忘。

而在"感觉记忆"和"工作记忆"消失的过程中，大脑中会产生一个"联想记忆"痕迹，这是我们最为关心的，也是最有用的。学习知识、技能以及其他新事物，都会用到联想记忆。联想记忆呈现为抛物线规律，它有一个最高点，也就是记忆强度最高的时间点，是学习效率最高的时段，也就是我们常说的每日黄金时间段。每个人的"黄金时间段"也是各不相同。有的人在早上，有的人在上午，还有的人在晚间。

美国国立卫生研究院等研究机构联合发表的这篇文章，进一步论证了记忆的间隔效应：休息可以强化记忆。研究人员用大脑成像仪器记录参与者的大脑活动状况。30 名参与者被要求用电脑键盘快速输入"41324"这五位数字，休息十秒后，再继续输入。这个"输入数字——休息十秒"的实验过程重复了 36 次。根据仪器观测，人在休息之后输入时间明显要短，效率更高。

将这个实验代入到真实的生活场景中，就比较容易理解。比如，现在我们经常在手机上收各种验证码，验证码通常是 4~6 位数，有些手机没有自动填充功能，只能靠记住数字，然后赶紧输入。这个实验，相当于多了一个 MEG 设备，用这个工具对大脑进行扫描，来计算和记录你的回想速度。

整体来说，研究结果支持适度休息有助于更快地学习新技能。从这个角度来看，适度"躺平"未必是坏事。

10

人脑个小高能耗，糖分短缺就罢工

生活当中，我们都有类似的体验：身体做完了运动，比如跑了几圈之后，突然会很饿，这个不难理解，因为流了很多汗，消耗了太多能量。但是这样的生活体验，就让人纳闷了：明明身体没有运动，只是紧张思考或者运算，也会突然很饿。为什么动脑也会消耗能量呢？

人的大脑容量大约是 1400 毫升，重量就是 1.5 千克左右。假如一个人的体重是 75 千克，大脑只占 1/50 的重量，但其消耗的血糖或者说能量大概会占到 20%。也就是说，大脑是人体当中的一大耗能器官。所以，一旦我们不吃东西，脑子很快就短路了。

科学家研究发现，即使是处于脑死亡状态或深度昏迷的病人，其大脑消耗的能量仍可能达到其他器官的 2 至 3 倍。总之，大脑没有歇着的时候，网友所谓的全身"躺平"，实际是不可能的，因为大脑永远"躺不平"。

那么，为什么基本已经不活跃的大脑，依然还会消耗那么多的能量呢？因为大脑实际上是一种天然的生物计算机，拥有 860 亿个神经元，如果你把它们想象成晶体管的话，当然就要耗能的。当然，和计算机比，这个能耗是极低的，毕竟人类吃个馒头就可以用 20 瓦的大脑和百万瓦功率的超级计算机下棋了。

具体来讲讲人脑的工作原理，就是突触前神经元会把一堆囊泡发送到其尾部靠近末端的位置，然后囊泡会从这个神经元内部吸入部分的神经递质，相当于把它们装到信封里，里面放了一些非常重要的信息。神经递质就是身体传递出去的信息。已经装上信的信封会被直接推到神经元的最边缘，然后看看其他神经元在哪儿，找到与它对接的神经元，并完成对接，再融合到对应的一个膜上。

可以把这个复杂的过程想象成快递员在不同的转接站点，一个个拆包裹、装包裹的过程。看起来很简单，实际上每个环节都很耗能。就好比核酸检测，尽管进了实验室以后能自动化检测结果，但拆包裹还是要人来做。仅仅拆包裹这个过程，在核酸检测当中，就相当消耗人力了。大脑系统的神经元也是这么辛苦，它们要自己来来回回地去做类似拆包裹、装包裹的事情，而且它们不能够储存足够的能量分子，必须自己不断去合成，才能够完成庞大而精准的信息传递。所以，大脑很耗能。

而且，人在睡觉过程中，大脑未必是休息的。我们很多的记忆过程是在睡眠当中完成的。即使脑体不活跃了，依然消耗能量，原理又是什么呢？

美国的科研人员做过关于神经末梢的实验，比较了活跃和不活跃状态，发现即使神经末梢不放电，神经突触的囊泡，还是有比较高的能量代谢需求[1]。原来，囊泡内有一个"质子泵"，这个"泵"永远不会停止，它必须源源不断地保持战备的状态，这个有点儿像自来水公司的工作原理，不能等用户拧开水龙头的时候，自来水公司才把水运输给用户，自来水公司持续保持高的水位，用户用水时才能随用随出。

"质子泵"光保持水位这个动作，大约用掉了静止状态突触所消耗能量的 44%。换言之，这就是人体之所以能够保持神经系统高度敏感的一种方式，因为人脑当中有特别多的突触，每一个神经末梢都会有数百个不同的连接，这些突触释放了 A 信号，还要立即进入一个 B 信号的传递过程，作为"快递员"，突触什么都得发，可能一会儿"发信件"，一会儿"发物品"，还可能"送生鲜"……所以突触需要全天候待机，相应地也就需要以消耗高能量为代价。这是人类为了应对应激，在复杂的神经系统和能量消耗之间做出的一种代谢折中选择，也是最优的选择。

大脑永远是最神秘的，它有解不完的谜题，这个发现让我们对大脑有了更进一步的认知。如果我们将来有办法，确实能够在安全的条件下降低大脑能耗，减缓大脑的新陈代谢，我们是不是就可以在休眠状态中进行太空旅行了？

1　Camila Pulido, Timothy A Ryan. Synaptic vesicle pools are a major hidden resting metabolic burden of nerve terminals. Sci Adv, 2021, 7 (49) .

第七章
基因与未来

1

从达·芬奇到 GPT，碳硅结合是未来

生命科学的进步非常快，所有人的观点都只是在一定范围、一定时间内是正确的，时间和空间拉长的话，就可能是错的。换言之，如果有一个人号称自己讲的东西绝对正确，那他一定是绝对错误的，因为不存在任何一个理论是不随着时间发展而变化的。关于人类的未来，人们有很多畅想，很多人有一种担心：AI 智能会对人类产生多大的影响？我就谈谈当时当下我的观点。

1495 年，达·芬奇超前制造出了一个仿人型机械，那时还没有机器人的概念，不过，达·芬奇已经想到了可以用这些机械的东西代替人去打仗，如此一来，就能减少战场上的伤亡了。

1913 年，福特汽车公司研发出了世界第一条流水线，制造汽车所需的时间因此从 12 个多小时缩短到 1 小时 33 分钟。从这时候开始，人们就明白了，原来机械真的是可以被量产的。

1920 年，捷克作家卡雷尔·恰佩克（Karel Čapek）在他的科幻

小说《罗素姆万能机器人》中第一次提出了"Robot"这个词,意思是"苦力"。基因的概念是在 1911 年提出来的,两者相差了不到十年时间。

到了 1941 年,科幻小说作家艾萨克·阿西莫夫(Issaac Asimov)提出了机器人三大定律,也就是我们常说的三定律,即阿西莫夫定律。

第一定律,机器人绝不能伤害人类,或者因为不作为而致使人类受到伤害。

第二定律,除非人类命令不合理,机器人必须服从命令。

第三定律,机器人必须保护自己,只要这种保护在不违反第一或第二定律的前提下。

这三个定律的核心就是机器人要以人类为主宰,可机器人一定会受人控制吗?

答案是:不一定。

早在 1950 年,英国数学家、逻辑学家、计算机科学之父艾伦·图灵(Alan Turing)曾做过一个著名的图灵测试:他将一个人和一台机器隔开,参与者通过一些装置(如键盘)向他们随意提问,根据他们的答案判断哪个是人类,哪个是机器人。图灵认为,一旦机器可以和人类自由交流,却没有暴露自己的机器人身份,那么,该机器就是智能设备,是"可以思考的机器"。而到了 2015 年 11 月,《科学》杂志的一篇文章揭示[1]:人工智能终于识别疑难语音和文

---

1 Brenden M Lake, et al. Human-level concept learning through probabilistic program induction. Science, 2015, 350 (6266): 1332–1338.

字，并能写出陌生的文字，整体上可以像人类一样学习知识了，这种 AI 系统顺利通过了图灵测试。

1986 年，日本本田集团研发出了服务机器人阿斯莫（Asimo），它被认为是世界上最先进的人形创新型移动机器人，不仅能行走自如、上下楼梯，甚至还会跳跃。

1997 年，AI"深蓝"战胜棋王卡斯帕罗夫，这是人类第一次被超级计算机打败。这应该是比后来的 AI 程序，来自谷歌 Deepmind 的 AlphaGo，即"阿尔法狗"打败了世界顶级围棋手李世石更令人震撼的事。可因为当年没有互联网，这件事知道的人并不多。

2004 年，爱普生公司推出了一款用于航拍的无人机。2005 年，康奈尔大学首次制造了一个机器人，它完成了一个我们以前认为只有 DNA 才能做到的事情，即自己用组件来复制自己，这很像我们生命最初 RNA 的起源。它可以利用周围的原料不断复制自己，造出来的机器也会不断地复制自己，这算是对我们人类的一场挑战。

2005 年，波士顿机械狗（Boston Dynamics BigDog）问世，这是一种动力平衡四足机器人，它采用带有各种传感器的四条机械腿来运动，没有车轮或者履带，此外，它还有一个激光回转仪及一套立体视觉系统。

2008 年，扫地机器人问世。2012 年，Google 的第一辆无人车问世，它带了一个摄像头，不断地把街景扫描进去，构建各种各样的 Wi-Fi 接入点，从而使得未来的无人驾驶成为可能。

2017 年 5 月，国际围棋峰会在中国乌镇举办，在这次引人注目的冠军争夺赛上，"阿尔法狗"打败了世界围棋冠军柯洁，以 3∶0 的总比分获胜，"阿尔法狗"一战成名，这意味着人工智能机器人已经超过了人类顶尖职业围棋选手，人们既兴奋又恐慌。

自此之后，没人再与"阿尔法狗"下棋了，为什么？因为你的这一步棋、下一步棋怎么走，全部在它的计算框架之内。随着算力的进一步加强，或者当量子计算到来的那一天，围棋的变化能被穷举，此时人的行为规律被计算机规则全面掌控，这就没有对战的必要了。

打败"阿尔法狗"的是它的兄弟"阿尔法元"（AlphaZero）。和"阿尔法狗"不一样的是，"阿尔法元"是从 0 开始自学围棋的，它更像一个拥有独立思考能力的人类，它可以根据实际情况，自己思考如何应对；而"阿尔法狗"是被事先植入围棋知识的，它能应敌，全靠数据库。最终，自学成才的"阿尔法元"，以 100∶0 的战绩完败"满脑子塞满围棋知识"的"阿尔法狗"。它采用的是名为强化学习算法的新算法，即在每一次训练后，都能得到经验和教训，并以此优化算法、强化功力。

2020 年 12 月，谷歌 Deepmind 公司再次石破天惊，推出了可以预测蛋白质三维结构的 AI 软件 Alphafold2，以颠覆式的效率让学界沸腾。尤其是其在参加两年举办一次的蛋白质结构预测关键技术分析大赛（CSAP）的正确率达到了夸张的 92.4 分（满分 100），要知道直到 2016 年，最好的蛋白预测准确性也只达到 40 分左右。两位发明者也因此获得了 2023 年有着"诺奖风向标"的拉斯克奖。

2022 年 11 月 30 日，由 OpenAI 研发的一款聊天机器人程序 ChatGPT 发布，给生成式人工智能带来了全新的希望，其上线仅 5 天，用户数量就已突破 100 万，如今已经风靡全球。本书的最后一节就是用 GPT 写的，而截至成书之日，类似的大语言模型已经不下百个，AI 时代呼之欲出。

从碳基巨匠达·芬奇到硅基极品 ChatGPT 的 500 多年，书写了一个完整的人类、机器和程序逐步共处的故事。

然而我依然要说，在地球上已知的生命中，谁是最精密的机器人？答案就是：人类。人类是最精密的机器人。以心脏为例，这是一个几乎所有当今的精密仪器都难以企及的东西。它几乎不生病，每一天会泵出 8 吨的血液，这个数量能装满 423 个饮水机的水桶，它一生会泵出的血液总量达 190 万吨。心脏几乎不得癌症，它患癌的概率非常低，它终其一生都在辛苦地操劳着。有些人说，心脏病很常见啊。得心脏病的人大多是因为长达几十年的时间都不按照说明书使用心脏，但凡我们能好好地按说明书使用，没有人轻易会得心脏病。

诺贝尔奖获得者理查德·菲利普斯·费曼（Richard Phillips Feynman）曾说过这么一句名言："What I cannot build,I do not understand."即我造不出来的事物，我就不会真正理解它。我经常会跟别人开玩笑，跳出人类本身，想研究清楚人类是不可能的。这就相当于你坐在凳子上，想把自己举起来。有很多的事情，我们很难超越人类自身，去把它研究透。

近年来，不少科学家在尝试着用分子生物学和化学的方式，模拟人类的意识去制造生命，一开始是原核生物，现在是真核生物，无机和有机的界限在不断地被打破。人类的未来到底在哪儿呢？

物理学家斯蒂芬·霍金（Stephen Hawking）曾预言，等到 2600 年，地球环境会更加恶化，不再适宜居住，人类只能想办法移居到其他星球。这个预言在我们的生命周期之外，我们也验证不了。

但我想说的是，这个地球已经存活了 46 亿年，有生命的历史有 34 亿年，恐龙统治了地球 1.6 亿年，一直以来地球都挺好的，直到人类出现，开始了对地球上其他生物的大屠杀。也不过就是 1 万年的时间，我们就把地球折腾得千疮百孔了。实际上，地球可以没有人类，但人类却不能没有地球。我们今天的许多烦恼都在于，我们太把自己当回事了。

有人说我们是宇宙当中唯一存在的高等生命，有人说我们是智慧最高的物种。在我看来，我们永远都不能这么讲，我们没法用"绝对""唯一"这样的词来形容生命。未来，我们能否躲过第六次大灭绝尚不可知，但人类的可贵就在于，我们相信相信的力量，天生就有向远方探索的本能，这个本能有很大希望驱使我们去迎接一个比较光明的未来。

过去，人打不过老虎，也打不过大猩猩，但是智能使我们开始直立行走并掌握了工具、诞生了语言、学会了用火、学会了群居，形成了社会性，我们慢慢地开始成为地球的主宰。

所以我认为，其实最终控制地球的应该是一种智能。从已经 34

亿年的地球生命演化史来看，地球上所有生命的演进，实际上都是智能在向前推进。

如今，人工智能的崛起让很多人感到恐慌，人类开始担心是否会被其替代甚至奴役。至少在这一刻，我还看不到其能替代人类的可能，但是先用上并熟练掌握了人工智能的人类一定会迅速超过拒绝使用的人类。

未来，生命存在的方式很可能是"碳硅结合"。其实我从不害怕硅基生命和人类一样思考，但我很害怕人类变得像硅基生命一样冷酷无情。就像造物主在创造生命的时候，把基因设置成了自私的一样，我们在创造硅基生命时，能不能在它最基本的代码中植入人性的光辉呢？我最想看到的是，硅基和碳基生命融合共生，一起缔造一个和谐的未来。

2

双重间谍线粒体，自免疫病显真凶

人最熟悉的是自己可以直接感知范围的单位，比如米、秒、千克。以视觉举例，我们肉眼能够分辨的物质极限大概是 1/10 毫米，也就是 100 微米，差不多是针尖大小，或者说是未成熟卵细胞的直径。而到了纳米这个尺度，肉眼就看不到了。

生命恰恰是发生在纳米尺度上的。比如，DNA 双链的宽度大约是 2 纳米，而每个核苷酸单体长度为 0.34 纳米，这些在没有工具的前提下我们无法直接观察，所以大部分人也没有量化的感知。要想搞清楚，还是要依赖工具的进步。

1595 年，荷兰著名的磨镜师撒迦利亚·詹森（Zacharias Janssen）发明了全球第一台简陋的复式显微镜。1665 年，英国科学家罗伯特·胡克（Robert Hooke）使用显微镜观察并记录了他的发现，并将这些内容写成了《显微术》一书，他首次正式命名了"细胞（cell）"一词。不过第一次看到微观生命世界的人，则是荷兰的发明家安东尼·范·列文虎克（Antony van Leeuwenhoek）。17 世纪末，为了检验布的质量，他将磨制出来的透镜组装成了相对比较先进的显微镜，最大放大率竟达到了 300 倍。正是使用了这样的工具，列文虎克得以观察到了活细胞，成为第一个记录了微生物世界的人。

1931 年，德国科学家鲁斯卡发明了电子显微镜，分辨率突破了可见光的极限，人类得以第一次看到病毒。再后来，科学家们研发出了原子力显微镜，它不仅能帮助我们清晰地观察 DNA，还能够连续拍摄，拍摄的清晰度也越来越高，成像速度也越来越快。完全可以说，是技术和工具的发展，才将活细胞成像照进现实。

正是借助于先进的显微镜系统，莫纳什大学生物医学研究所的本杰明·凯尔（Benjamin Kile）教授及其团队发现并记录下一个神奇的过程：细胞凋亡的时候，线粒体 DNA 会从线粒体中脱离出来，这是引发自身免疫性疾病的关键因素之一。凯尔教授解释："当细胞凋亡时，两种蛋白——BAK 和 BAX 会被激活（它们可谓'杀手'蛋白，旨在终结细胞）。这些'杀手'蛋白会在线粒体外膜上'开孔'，细胞内容物从'开孔'溢出，包括 mtDNA。这就会引发免疫反应，产生炎症。"

BAK 和 BAX 的使命是彻底地、快速地杀死濒死的细胞，它们释放出的线粒体 DNA 会被身体的免疫系统误认为是外来入侵的细菌组分，进而遭到攻击，这个过程就导致了一系列的免疫问题。

线粒体的功能是为细胞活动提供动力，线粒体出现了异常，细胞活动缺乏能量，我们的身体就会生病。

有科学家认为，线粒体最开始其实是某种简单的细菌，它被其他复杂的细菌捕获后，开始勤勤恳恳地干活，这个过程称为"内共生"。这有点类似于自然界中的蚂蚁和蚜虫，两者也是共生的关系。但线粒体也算是"双重间谍"，它对维持细胞代谢功能必不可少，但出了问题，也会引发很多的遗传病。在这个研究中，科学家观察到线粒体 DNA 受损就会触发后续的免疫反应。别忘了，由于线粒体的出身，其 DNA 和外部的细菌 DNA 有非常多的相似性。当身体把出现在线粒体外或者说细胞外的这些线粒体 DNA（mtDNA）当作入侵的一个边缘体来对待时，也就是身体没办法区分外来细菌还是线粒体的本体时，很多炎症和自身免疫问题就发生了。

这一发现无疑为自身免疫性疾病的治疗指出了一个突破性的方向。

3

再生密码已找到，人类四肢可再生？

生命之神奇，也体现在其能"再生"，非生命极少能见到再生现象。单细胞生物如大肠杆菌自不必说，可以不断地复制、再生；而海星在被切成若干段后，过一阵子每一段又都能长成一个完整的海星；螃蟹也有不错的能力，一只断掉的蟹螯，一段时间后也可以重新长出来。

无脊椎动物相对低等，再生能力强也在情理之中。但是脊椎动物中也有几个表现突出的，比如连大脑部分切除都能恢复的蝾螈，或者年年都可再生其角的鹿类。当然，最为常见且直观的还是壁虎的断肢再生。作为一个脊椎动物，它的这种能力让人们不禁畅想，有朝一日，人类有没有可能像壁虎那般，胳膊断了还能再长出来呢？就目前来看，人的自我修复能力当然还是非常弱的——一个伤口可以愈合，但肢体残缺了是不可能重新长出来的。

2021 年 11 月，哈佛大学曼西·斯里瓦斯塔瓦（Mansi Srivastava）

教授在《发明细胞》（*Developmental Cell*）杂志上发表文章[1]，称在可以再生的蠕虫体内发现了一段类似于电源开关的非编码 DNA，一旦它被开启，一种名为早期生长反应（EGR）的主控基因就会被激活；一旦它被关闭，这个 EGR 基因也会随之关闭。

通过这个实验，科学家得出结论：EGR 基因与再生能力直接相关。如果生物体不含有 EGR 基因，它们将没有再生能力；如果含有 EGR 基因，我们还需要找到控制该基因表达的"开关"。如果把这个开关关掉了，它就不表达了，本来壁虎尾部断了应该再生的，它可能就不会再生了。

进一步地，科学家惊奇地发现：人类体内也含有 EGR 这种再生基因，那么，这就有一个清晰的研究方向了：我们没有再生能力，是不是因为控制开关处于关闭状态呢？

我们每次新到一个酒店，最烦的就是灯的开关在哪儿，浴室的花洒怎么调水温……总要一顿尝试，人的再生能力也处于这种状态，科学家想把再生功能的调控开关找出来。

为此，科学家做了很多实验，用刺激壁虎的方式来刺激其他生命体，比如老鼠、猴子等，不过，实验结果千差万别。也就是说，壁虎的这种再生方式是无法简单复制到更复杂的生物身上的，更不要说人类了！

不过，科学家们并没有放弃努力，最新的报道显示，科学家们

---

1 Lorenzo Ricci, Mansi Srivastava. Transgenesis in the acoel worm Hofstenia miamia. Dev Cell, 2021, 56 (22)：3160–3170.

正在设法对人体内的主控基因的通路进行微调，以使其发挥再生的功能。

假如真调好了，以后人缺胳膊短腿的话，都能够自己重新长回来，这并非天方夜谭。人的生长过程本身就是一个神奇的过程。从一个受精卵成长为一个人，每一次分裂，周围的环境和变化都是不同的，其中包含着极其复杂的信息和调控机制。这可能是我们永远无法完全理解的话题。但正如愚公移山的精神，我们也将在现有基础上不断前进，这就是科学的魅力所在。

这个科学研究方向也让我们对非编码 DNA 又有了进一步的认识。这些历史上被称为垃圾 DNA 的序列，在特定的条件下会发挥巨大的作用。只是其中的奥秘，我们还没有发现而已。

4

神奇药物助长生，但别忘了副作用

长生不老，是人们美好的愿望，古今中外，很多人都在追求这个目标。最近有一个比较热门的词叫作"NMN"，在一些夸张商家的宣传中就成了所谓的"长生不老药"。目前，多位知名华裔商人均涉猎 NMN（或以 NMN 为前体的 NAD）领域，并把它的产品引入某连锁店上架销售。里边的中文宣传词有逆转时间、逆转未来等诱人的字眼，类似这样的产品真能让人长生不老吗？还是说只是智商税呢？

NMN，全名叫烟酰胺单核苷酸，它是生命中自然存在的分子，属于 RNA 的组成单元，由烟酰胺基、核糖和磷酸基组成。

其中，烟酰胺是在很多化妆品、保健品中广泛存在的，有美白的效应。但是单纯从一种简单的化学物质就能够推知它能够延年益寿，这就有点像曾经的诺贝尔奖获得者鲍林说的"维 C 能预防癌症"一样，是一个局部和有限的认知。

关于 NMN，目前尚无有效的人体实验。然而，在动物实验中，它确实显示出了一定的效果。这些动物实验包括酵母、蠕虫、小鼠等，实验完成后，发现 NMN 有可能使哺乳动物的寿命延长约 1/3。

延长 1/3，3 年的寿命就变成了 4 年，30 年就变成了 40 年，60年就变成了 80 年，这是非常可观的。

NMN 的效用原理有两个基本点：第一，它可以恢复线粒体的活性，让身体机能变得更加旺盛。第二，它可以产生很多类似于还原剂的物质，让身体的抗氧化功能变强。一方面，让身体发动机变强，另一方面减弱有害物质对身体的侵害，合在一起，大家就认为 NMN 有延年益寿、返老还童的作用。

不过，我们还不能高兴得太早。很多实验在哺乳动物身上成功了，可却无法应用到人身上。例如，瘦素这种物质能帮助老鼠减肥，但在人类身上却无效。我们要明白，人的身体构造是非常非常复杂的，各种信号调节通路盘根错节，老鼠这种模式动物是比不了的。

Elysium Health 的联合创始人、首席科学家、麻省理工学院教授伦纳德·瓜伦特（Leonard Guarente）就曾公开表态，承认目前小鼠身上的实验并不是在人身上都会有效[1]。目前，他们在研究 NMN 相关产品是否会引起肾脏的损伤以及肝脏的肥大。因此顺带特别提醒世人：在考虑长寿问题的同时，还要考虑副作用的问题。

加拿大曼尼托巴大学临床科学家、血液病专家维莎·班纳吉

---

1 https://hms.harvard.edu/news/rewinding-clock.

（Versha Banerji）团队就曾对这一问题做了深入研究。他们发现，NMN 会引起 NAD+ 增加，NAD+ 增加意味着促炎因子增加，这可能会加速癌症的扩散。这一发现为 NMN 的推广蒙上了阴影：服用这种保健品，能起到延缓衰老的作用，可是，罹患癌症的风险却会增加。

2022 年 11 月 11 日，美国 FDA 在回复某公司的一项新膳食成分（NDI）通知中指出，β-NMN 不能作为膳食补充剂销售，因为它已经作为新药进行了研究。这个窘境类似于今天的间充质干细胞回输，至今未批准不代表其安全性有问题，而是其机理依然不清楚，需要更多的实验数据来说明。

实际在学术上，比 NMN 更站得住脚的应该是二甲双胍和阿司匹林，这两个药品已经被用了几十年，安全性和药性都得到了验证，相对地，价格也很低廉。即使如此，它们依然有自己的软肋，比如 2023 年 12 月 21 日的《柳叶刀》子刊《柳叶刀·糖尿病与内分泌学》上发表的一项研究称，澳大利亚莫纳什大学在肯定了阿司匹林益处的时候，同时告诫了长期服用阿司匹林也带来了不良反应的风险，参与者大出血风险升高 44%，主要是胃肠道出血。

所以，是药三分毒，不存在没有副作用的"神药"。更不用说化学是低维度的，生命是高维度的，想一劳永逸地用一种低维度手段解决高维度问题，比如减肥或长寿，是极难实现的。也希望大家记住，任何医疗行为，都是风险和收益的平衡，没事别总考虑着"吃药"。

当然，如果 NMN 能够作为药品获批，其实对消费者并不是坏事。很多时候，一个化学制剂真正变成药品的时候，反而很严谨又很便宜。比如，两块钱一瓶的维 C 药物和几十块钱一瓶的维 C 保健品，它们的效果是一样的，唯一的区别就在于贵的保健片吃起来有一股橘子味，但从补充维 C 的角度看，这笔钱花得更像智商税。

这几年大家越发关注自己的健康，各种"神奇"甚至"逆天"的技术、药物、保健品、化妆品纷至沓来，但一定不要因为其高昂的价格，我们就想当然地认可它的效果。尤其是人体的安全性、有效性都未经严格确认的情况下，我都衷心建议大家要谨慎。最神奇的药物莫过于生命自身，管好嘴 + 迈开腿 + 睡好觉 + 做好事 + 好心情，比啥都强。

5

按下开关就休眠，星际穿越有大用

　　自然界中冬眠的动物大多是青蛙、蛇一类的冷血动物，但有一些恒温动物也会冬眠，比如熊，它会自己找个树洞冬眠，可是像小老鼠这样的动物其实没有冬眠的习惯。但是科学家们却发现通过某种方式操作，即便是像小老鼠这种没有冬眠习惯的动物，也可以让它产生一种类似于冬眠的蛰眠。蛰眠基本上属于一种半睡半醒的状态。蛰眠后，对能量的需求变少了，它也能够活下来。

　　我小时候养过刺猬，按照科普书的方法，即使在夏天，把它放到冰箱里，它也会睡着，很明显进入了一种低代谢状态。动物的这种"休息"是一种生命的本能，它觉得外界的环境变冷了，也就是外界大概率不可能得到食物或者能量补给了，为了延续生命，它们就会进入睡眠状态以降低代谢。在这个过程中是什么在发挥作用呢？

　　日本筑波大学的神经科学家专门研究了小鼠的蛰眠问题，他们找到了一个名为"QRFP"的多肽[1]。科学家把这种物质注射进小鼠体内，小鼠的活力明显增强了。但是如果通过刺激神经元的方式，让小鼠自己多分泌这种物质，小鼠反倒会蛰眠，随后出现体温、心率、新陈代谢率等多方面的下降。

无独有偶，哈佛医学院的神经生物学家西尼萨·赫瓦廷（Sinisa Hrvatin）也进行了类似的研究[2]，他是通过剥夺小鼠的食物，强行让它进入蛰眠状态的，进而来寻找小鼠的神经开关到底是什么，神经通路到底是什么。

最终，他们发现小鼠下丘脑有一个 Q 神经元区域与小鼠的蛰眠能力有直接关系。当这些神经元的活性被抑制时，小鼠就丧失了进入蛰眠的能力。如果重新刺激这些神经元，小鼠被剥夺食物后，就又会进入蛰眠状态。

科学家进一步大胆预测，通过注射一种物质让其他哺乳动物进入蛰眠的状态，这会不会成为可能？当然，如果实现的话，这对于以后的星际旅行将是大大的利好。比如，在出发去火星前，我们进入蛰眠状态，睡几个月，醒来之后就到了目的地，整个过程就非常舒爽。

电影《流浪地球》中其实也有着类似的情景：演员吴京扮演的

1 Tohru M Takahashi, et al. A discrete neuronal circuit induces a hibernation-like state in rodents. Nature, 2020, 583 (7814) : 109–114.

2 Sinisa Hrvatin, et al. Neurons that regulate mouse torpor. Nature, 2020, 583 (7814) : 115–121.

刘培强在太空工作了 17 年，可实际上，他的工作时间只有 5 年多，剩下的 12 年左右一直处于休眠状态。

说起来，休眠跟睡眠状态是完全不同的，它包括自然休眠和强制休眠两种形式，这两种形式都是让身体进入了最低程度的代谢状态。《流浪地球》中的设定，是宇航员用了一些科学手段让自己进入强制休眠状态，这种强制休眠，一是可以保存宇航员的体力，二是可以节约太空站的能量消耗。

有一个全新的交叉学科叫作太空生物学，其研究的主要内容就是人类进行星际穿越时应该准备的生物技术。我相信，随着在这个领域的进一步深入研究，人类探索宇宙必将更加精彩可期。

6

细菌也有实用性？信息存储它最行

　　作为一种原核细胞生物，细菌有哪些应用？实际上，它可以像移动硬盘或 U 盘一样，用一个 DNA 序列来存储信息。将来，如果我们需要携带信息或密码，就不必携带 U 盘了。只需携带一些细菌，就能传递这些信息。

　　这种应用是非常现实的，它属于合成生物学研究的范畴，其原理就是用原核细胞，比如大肠杆菌携带信息。上面已经讲过，用碳基，即 DNA 的存储密度是远远大于硅基，比如硬盘的。

　　在这本书成书的时候，合成 DNA 的成本还比较高，其记录信息的成本和我们用笔在纸上写字差不多。但这个技术进展很快，成本也随之快速地下降，更重要的是，这个数据一旦合成完毕，比如整合到大肠杆菌或者酵母的基因组中，它的复制扩张几乎是免费的。

　　用硬盘存储信息时，我们如果想复制，需要另外准备一个硬盘，然后把信息拷贝过去。但是，把资料分散写入不同的大肠杆菌基因组里面，这份资料哪怕要复制 1 万份、1 亿份，这个复制难度也是轻轻松松的。只要给一些培养基，它自己就可以完成复制，复制边际成本几乎为零。

从存储时间上看，硬盘的安全存储年限也就是 5 年，比较耐用的光盘也不过 20 年。而 DNA 存储的时间可以是万年或者更久。为什么能存这么久？想想我们能够检测到万年前甚至几十万年前的古DNA 就明白了。

此外，DNA 存储的扩展效应是非常惊人的，如同微生物可以轻轻松松地遍布整个地球，微生物存储信息也可以很容易就遍布全世界。之前看过一个名叫《超验骇客》的电影，里面有一个情节就是科学家研究出了一个纳米机器人，它通过粒子的方式经过水和大气在自我修复，然后变得无所不在、无所不能，并且不受任何事物的掌控。好莱坞大片的情节也许有一天真的会成为现实。

信息存好以后如何读取呢？那就更简单了，只需要有测序设备就可以了。这个测序仪器无须太复杂，它可能小型化到就像一个打印机一样连接电脑就可以了，尹哥所在的华大也已经有这样的设备了。甚至还可以根据需求设置特定的信息解锁规则，即测序拿到 DNA 序列后还需要解密，这就进一步加强了生物存储的安全性。

在此不得不提一句，合成生物学领域有一个国际顶级科技赛事——国际基因工程机器大赛（iGEM）越来越受到关注。很多大学生，甚至高中生、初中生都在参加比赛，他们想出来的东西已经远远超过了我们的想象。就像我们小时候玩泥巴一样，现在的孩子已经开始玩 DNA 了。这预示着生命科学的前景有着无可限量的发展空间，在 21 世纪，生命科学也必将流行起来。

7

"基因剪刀"握在手，基因编辑能治病

现在视频剪辑很流行，通过删除、复制、移动、插入等一系列动作，画面中可以呈现出完全颠倒是非的东西。

经过多次迭代，科学家从细胞中发现了一种名叫 CRISPR-Cas9 的蛋白质，它被称为"基因剪刀"，可对动物、植物和微生物的 DNA 进行删除、位移和增减等有目标性的编辑加工，从基因角度治疗疾病。

2020 年，法国女科学家埃马纽埃尔·夏彭蒂耶（Emmanuelle Charpentier）和美国女科学家珍妮弗·道德纳（Jennifer Doudna）凭借其在 CRISPR-Cas9 方面所做出的开创性研究，一同拿下了当年的诺贝尔化学奖。2023 年年底，英国和美国先后批准了 CRISPR-Cas9 基因编辑疗法 CASGEVY 上市许可，用于治疗两种遗传性血液疾病——输血依赖型 β-地中海贫血（TDT）和镰刀状细胞贫血病（SCD），此次批准意义重大，为未来基因编辑疗法的进一步应用打

开了大门，有潜力治愈更多的遗传疾病。目前主要的问题还是售价太贵，竟高达 200 万美元，业内纷纷呼吁能够通过多项综合措施积极降低成本，让这项技术早日普及。

　　和其他先进的生物技术一样，基因剪刀的发现和发明改进是一个尤为漫长而曲折的过程，其间不乏一大批科学家前赴后继、矢志研究。尤为引人注目的是同在角逐诺贝尔奖项的华裔科学家、麻省理工学院的张锋教授。2013 年年初，张锋在《科学》杂志上发表论文 [1]，首次证明了 CRISPR-Cas9 可以用于哺乳动物细胞，且还成功地完成了小鼠和人类细胞基因的编辑。

　　2016 年年初，张锋教授还联合杜克大学等多家研究团队 [2] 在小鼠身上做了研究，他们将 CRISPR 技术应用于治疗杜兴氏肌肉萎缩症遗传病，结果，病患的预期寿命和生活质量都得到了明显提升，这项研究为基因剪刀技术的落地应用，开启了一扇全新的大门。

　　其博士后导师，哈佛大学乔治·邱奇（George Church）教授带领团队 [3] 将基因剪刀进一步应用到了猪的基因上，剪掉了其中对人体有害的部分，从而将其转变为适用于人体的器官，并试图通过这种方式以解决人体器官移植供不应求的问题。而哥伦比亚大学的华人

1　Le Cong, et al. Multiplex genome engineering using CRISPR/Cas systems. Science, 2013, 339 (6121) : 819–823.

2　Christopher E Nelson, et al. In vivo genome editing improves muscle function in a mouse model of Duchenne muscular dystrophy. Science, 2016, 351 (6271) : 403–407.

3　Dong Niu, et al. Inactivation of porcine endogenous retrovirus in pigs using CRISPR-Cas9. Science, 2017, 357 (6357) : 1303–1307.

学者 Harris Wang 从另一个角度把基因剪刀改造成了"录音笔"，用来记录生物体内转瞬即逝的生理信号[1]。

CRISPR-Cas 系统有着这么一个功能：它能切断外来病毒的 DNA 片段，并把它吸收进自己的 CRISPR 位点中。这样它就有了一种记忆存档，当未来它发现了入侵的同种类型的病毒，细菌就能根据自己在 CRISPR 位点存下的"通缉令"，快速产生抗病毒反应。Harris Wang 教授的团队即是利用 CRISPR-Cas 系统的这一特性，以记录 CRISPR-Cas 系统曾经接触过的病毒信息。此工具有望帮助寻找人体在健康和生病状态下的多种标志物，将对医学的发展起到颠覆性作用。

完全可以说，基因本来就是一种语言，作为一种语言，它原本就应该能改、能写、能插入、能删除，基因剪刀有它天然的工具属性。这个领域研究得越来越深入，我们未来的生活可能就会有更多新的改变，很多科幻影片当中的场景极有可能真的走进我们的生活。

1　Ravi U Sheth, et al. Multiplex recording of cellular events over time on CRISPR biological tape. Science, 2017, 358 (6369) : 1457–1461.

8

小猪身上全是宝，异体移植能救命

2022 年 1 月，美国科学家把一个经过基因改造的猪心成功地移植给了人类[1]。这意味着什么呢？

1967 年 12 月 3 日，一个叫作巴纳德的南非医生史无前例地完成了世界上第一例人类心脏移植，这次移植是一次人对人的心脏移植[2]，移植手术本身非常成功，但是患者却在 18 天内死亡了，他的死因是非常严重的排斥。发展到现在，人对人的心脏移植，一年、三年、五年、十年的同期存活概率已经分别达到了 85%、78%、72%、60%。也就是说，心脏器官移植存活率已经非常高了。

从最开始的十几天到现在的十年甚至更长时间，是什么发挥了作用呢？其中的一个关键是一种名为环孢素的抗排斥药物。环孢素

---

1 https://www.reuters.com/markets/commodities/us-man-recovering-after-breakthrough-pig-heart-transplant-2022-01-10/.

2 https://www.wired.com/2007/12/dayintech-1203/.

是一种被广泛应用于防止器官移植之后产生免疫排斥的免疫抑制剂，它可以抑制免疫系统中的 T 细胞活性。借助环孢素，人类就可以逐渐接受原本不属于自己的外来器官，这种抗排斥药物的出现，极大地提高了人体器官移植的成功率。可这无法从根本上解决问题。

随着人类寿命的提高，很多心脏病病人其实是没有机会得到有效供给的，据美国移植系统的器官共享联合网络（UNOS）的数据显示，目前，仅美国就有将近 10.7 万人正在排队等待合适的器官供体。如果动物心脏能满足移植需要，很多人的寿命会因此得以延长。

回顾一下移植历史，我们可以看到，动物在人类的器官移植过程中一直有着突出的贡献。一开始介入"异种"器官移植的是狒狒，因为它是跟人类接近的、高等灵长目的动物，最适合做人类的供体。1984 年 10 月 14 日，有一个叫克莱尔的小女孩出生在加利福尼亚，作为一个提前出生三周的早产儿，她有非常严重的先天性心脏病 [1]，左右权衡之后，她的父母同意了医生为孩子移植狒狒心脏的提议。当天的手术已经成功了，移植后的心脏也开始自己跳动了。但两周后，她的情况急转直下，很快就因为心脏衰竭而死亡。经过分析，问题的根本不是供体的心脏问题，而是自身免疫系统的排斥反应，简单地说，就是小女孩体内的免疫细胞直接杀死了来自

1　https://www.secondscount.org/personal-stories/personal-stories-detail-2/claire-kurz--born-with-congenital-heart-conditions-2#.Y5hTUS-KF9c.

异体的心脏。

2018 年 12 月 10 日的《自然》杂志上发表了一篇论文[1]：科学家把猪的心脏移植到了狒狒的体内，狒狒活了 195 天，当然，猪的心脏是经过基因改造的。这篇文章给我们后来的一系列医学实验和进展都带来了长足的信心，我们看到了人类或许可以通过这样的一种异体间的同位器官移植，拯救很多人类的生命。

而在 2021 年 10 月 20 日，纽约大学的另一则发现轰动了世界[2]，当时的媒体一顿刷屏，有人说猪腰子可以让人用了，有人开玩笑说再也不怕肾亏了。到底是什么发现呢？该大学的两个医疗中心成功地将一个猪肾连接到一名患者腿部的一条血管上。它虽然没有放到肾的位置，却能发挥出肾应有的功能。并且这个肾不是直接从猪身上长出来的肾，而是经过了基因改造的肾，在病人的体外工作了 54 个小时，且没有引发免疫的排斥反应。不幸的是，这个接受了猪肾移植的病人最终脑死亡了。当时，这个实验赢得了病人家属的同意，在实验时，移除了这个病人身上所有的设备维护仪器。我们要感谢这位非常了不起的病人，也应该感谢这只经过基因改造的猪，所谓"有爱无类"，他们都为医学研究做出了巨大的贡献。

很多科学家们开始把目光放到了这只经过基因改造的猪身上，

1 Matthias Längin, et al. Consistent success in life-supporting porcine cardiac xenotransplantation. Nature, 2018, 564 (7736) : 430–433.
2 https://www.npr.org/2021/10/20/1047560631/in-a-major-scientific-advance-a-pig-kidney-is-successfully-transplanted-into-a-h.

它似乎解决了困扰医学界多年的异体排斥的问题。也就是说，我们有可能在猪身上做出一个绕过人体免疫系统排斥反应的器官，异体移植的梦想有望逐渐照进现实。

有了前人的努力，这才又有了我们开头提到的新闻，根据美国马里兰大学医学中心的一个外科医生透露，一位 57 岁的心脏病患者接受了一个经过改造的猪心的移植手术，并且术后的健康情况是良好的。这是人类首次将一个经过基因改造的猪心移植到患者体内，它有望给日益短缺的心脏资源带来全新的解决方案。

前期的数据显示，被移植猪心的患者已经产生了脉搏、血压，逐渐恢复并替代病人原有的心脏功能，这说明这个猪心已经开始起作用了，虽然我们不知道这个移植过来的猪心能维持多久，但这个手术还是给我们带来一个全新的期待：在未来，我们可以在体外经过三维分化产生这样可供移植的器官。

据介绍，这个移植到病人体内的猪心来自弗吉尼亚州一个叫维克的公司所提供的猪。为了尽可能地避免免疫排斥，维克公司修改了这头猪的多处基因，把三个核心的基因关闭了，另外植入了六个人类的基因。为了防止猪心体积生长得太大，以致不适合人类胸腔，他们还特别关闭了一个生长的基因。

尽管这颗猪心只为病人赢得了两个月的生命时间，不算很长，但无疑也是这个领域的巨大进步。相关研究仍在进行，而团队也在积极和 FDA 沟通，为能够尽快开展人体临床试验做准备。

医学的进步都遵循着这样的步骤：过去是异想天开，今天是勉为其难，而未来则会习以为常。猪心移植的尝试让我们对人类的长寿、永生有了新的幻想，实际上，这始终都是这个时代乃至这个世纪在不断讨论和争论的话题。

早在差不多 20 年前，《逃出克隆岛》这部电影给人们带来了深深的震撼，电影中有这样的情节设定：每个人都复制了一个克隆人，当自己身体有部件不能工作了，就把克隆人身上的器官拿下来换上，因为他的基因跟本体是一样的。看了这部电影后，人们对这种生物技术的滥用和对伦理的肆意践踏产生了深深的惶恐，技术本身并无对错，关键在于用者的心。

我一直都认为，没有道德约束、不顾人伦的科技一定是危险的。今天的科技，包括前面讲的一系列的基因改造，其实它本身都伴随着巨大的伦理争议，我们也缺乏对应的标准监管和对应的法律条款。早在 2005 年的时候，世界卫生组织就动物器官移植给人的问题展开了讨论。讨论的核心就是伦理，包括移植之后会不会带来免疫排斥，会不会有一些来自供体身上的未知病毒传播开来。当时达成的一致意见，其实就是一个敦促案，敦促各国应当在具备相关的管理、控制和监督机制的时候，方可允许移植。

现在，英国、美国、南非等在器官移植方面走在前面，这些国家已经开始了一系列的临床研究和实验。这个技术无论你喜不喜欢，无论你接不接受，我相信，它必定会继续发展下去。特别是如果经过基因改造，可以在体外产生接近完美的人类器官供体，甚至有一天，我们可以不再伤害动物，直接通过 3D 打印加三维分化，就可以在体外培养可供移植的三维组织乃至器官，我相信我们人类的寿命肯定会因此而大幅延长。只是在这个过程中，我希望人类永远不要忘记谦卑，铭记人性之本。

9 /

基因数据大公开，该支持还是拒绝？

2023 年 11 月 30 日，英国生物样本库（UK Biobank）公开了 50 万英国人的全基因组数据[1]，这个样本库已经成立了 20 多年，在这之前，它曾经公开过 50 万人基因芯片数据、45 万人全外显子数据，这次又是一个大突破。来自世界各地的研究人员都可以申请访问这些缺乏可识别细节的数据，并利用它们来探索健康和疾病的遗传基础。

50 万英国人的全基因组数据免费供全世界科学家研究使用，很多人不理解这种做法，这不涉及英国人基因数据泄露吗？我们应该支持还是反对呢？

首先需要强调的是，英国这 50 万的全基因组数据是在去掉了隐私、匿名化之后再公布出来的。我们看到的最后统计出来的总群信息，很难将这个缺陷与具体哪个人对应起来。站在全人类发展的角

度看，越多人愿意把自己的数据以这样匿名化的形式分享出来，我们就可以得到更多的统计值，这样的方式是值得被推荐和分享的。要知道，这样大量人群的基因组信息对于未来药物的研发，包括疫苗的研发，以及对于生物科学领域的发展是很有帮助的。

　　不过，换位思考，如果这是 50 万黄种人的基因组信息，或者是 50 万中国人的基因组信息，我们敢于让外国人去免费申请下载吗？

　　其实，这种分享有一套惠益分享机制，有一个大前提是在保护好隐私的前提下对等共享。比如，英国出 50 万，中国也出 50 万，大家可以共同使用。在过去，一部分发达国家的研究群体确实不太"讲究"，他们能力最强，就四处收集数据，拿到了很多国家的特殊人群或者生物资源样本，甚至开发成成功的产品，却没有给样本贡献国提供足够的回馈，这就没有做到惠益分享。

　　惠益分享的一般前提是，两个国家的实力旗鼓相当，彼此都有做相关研究的实力，我们都可以成为数据的提供方和供给方。惠益分享的目标是探讨生物的多样性，以让人类遗传信息能够更有益、更有序地去造福人类，这是一个有浓厚的宗教、伦理、法律，还有政治在背后的考量。

　　从英国的角度看，他们公布了 50 万全基因组信息，其他国家想要免费下载需要去申请，申请时需要提交一套计划书和应用想法，英国借助这种分享方式有可能得到全世界最聪明的大脑的想法，这也就意味着它会因为"越开放而越强大"。

　　英国这 50 万人可谓人类基因数据分享的先驱，他们愿意去贡献自己的匿名数据。从国家层面上看，英国也足够有担当，国家出钱，对老百姓充分告知并鼓励大家来测试，最后得出数据，然后逐级向全球共享，可谓在生物科技领域又一次领先。

从达尔文的祖父甚至更早时候开始，英国在生物技术和生物学方面，一直保持着最活跃的思想，而且他们也有一个很好的民众基础，这是非常令人钦佩的。比如，在基因测序方面，全世界最先进的测序技术源头大多出在剑桥或牛津。他们在生物技术领域的脚步从来没有停过，克隆羊"多莉"、第一个试管婴儿……这些曾经天方夜谭的创新都是首先从英国开始的。现在，在基因大数据和人工智能结合的当下，英国又走出了开放的道路。在人类基因组计划完成之时，多国科学家共同提倡的"共有、共为、共享"精神，今天依然值得称道。须知，在科学研究中，封闭只会让自己变成孤岛，而开放则会拥抱无限的可能。

不得不说，人们对事情的认知都遵循一个由浅到深、循序渐进的过程。当年，无线电刚刚接通的时候，大家认为无线电线会窃听自己的隐私，对它战战兢兢、如临大敌。试管婴儿刚问世，全世界都在骂这种技术违背人性，而如今，发明者因此获得了诺贝尔奖，得到了世界的认可和肯定。跟这类似，我们对基因也有一个从误解、担心到习以为常的过程。今天，有人来我这儿做客，他会说："你这水都不能喝，留点口水，成为你们的基因样本，我的秘密就都被知道了。"或许几年，或者十几年后，这些话会被拿来当笑话讲。

很多人习惯性地给科技创新扣上一个阴谋论的帽子，可是科技的创新和安全永远是一个对立的存在。我们永远都希望科技不要给人类添乱，但是，在这个过程中最重要的是让所有人对这个事情的底层逻辑和真实数据有充分的认知，因为人都会对未知的事情感到恐慌。不了解的人去核电站，他会担心有辐射，可真正在核电站工作的人，觉得这种担心就是一个笑话。当我们对事物有清楚的认知后，会明白它科学防护的标准在哪里，安全感就会自然建立起来。

在未来，我们应该会看到越来越多的个体愿意公开共享自己的基因数据，他们会很自然地跟人讨论，"我携带了至少八个严重的遗传缺陷的基因""我有老年痴呆基因"。终有一天，基因数据就像我们的身高、体重、血型一样，成为每一个人的现实标签。

第八章
基因与技术

1 / 组学研究战不休，为啥都要加个组？

在生命科学研究中，你是不是经常看到这么个字——"组"，比如蛋白质组、代谢组、脂质组、糖组……包括尹哥所在的华大就是因为代表中国参加人类基因组计划而生的。研究基因就基因呗，何必要加个"组"呢？这其实有点像语言学，比如中文，你不能通过研究一个字或者一个词来理解中文，而是要把所有的字词句段章统筹来研究，这样从"整体论"和"系统论"出发的研究，就称为"组学"。简单来说，组学其实就是把这一类研究一次性都做了。用东北菜作个不那么恰当的比喻，相当于乱炖，把相关的各种食材（研究材料）一锅全煮（组）了。

科学家们通过长期而深入的基因和蛋白质研究，发现单一的研究对象和单薄的数据远远无法解释复杂而多元的生命。于是乎，开始扩展研究对象，将研究一个、几个，变为研究一群、一组。由此便应运而产生了蛋白质组（学）、转录组（学）、脂质组（学）、糖组（学）和代谢组（学）等新名词。追本溯源，"基因组（genome）"一词是由"基因（gene）"和"染色体（chromosome）"两词拼合而成，是在 1920 年，由德国汉堡大学的植物学教授汉斯·温克勒（Hans Winkler）首提。最初的定义指的是一个单倍体细胞中的全套染色体。进入现代，其含义已经进一步扩展，指的是一个生物体中的所有遗传信息。不难看出，这些词的后缀是"-ome"，指代的是一些种类个体的系统集合。而类似的词缀"Omics"是组学的英文称谓，主要囊括基因组学（Genomics）、蛋白组学（Proteinomics）、代谢组学（Metabolomics）、转录组学（Transcriptomics）、脂类组学（Lipidomics）、免疫组学（Immunomics）、糖组学（Glycomics）、RNA 组学（RNomics）、影像组学（Radiomics）、超声组学（Ultrasomics）等。

这些词还都比较新颖，比如"蛋白质组（Proteome）"这一概念最早是 1994 年由大洋洲遗传学家马克·威尔金斯（Marc Wilkins）教授所提出的，指的是一个系统中所包含的全部蛋白质；而转录组（Transcriptome）概念是最先由美国约翰霍普金斯大学维克多·E. 威尔克斯库（Victor E. Velculescu）和肯尼斯·W. 金兹勒（Kenneth W. Kinzler）教授等人于 1997 年提出，指的是某一生理条件下细胞内所有转录产物（通常指 mRNA）的集合；还有一个常见的概念就是代谢组学（Metabonomics），这一概念指的是对生物体内所有代谢物进行定量分析，并寻找代谢物与生理、病理变化的相对关系的研究方式，是在 1999 年由英国帝国理工大学的杰里米·尼科尔森（Jeremy

Nicholson）教授首次提出的。

　　归根结底，"组"是一个整体的概念。而随着科学研究的发展和需要，科学家们开始意识到，生命是一种多模态、多维度的现象。所以单一的组学也不够用了，多组学（Multi-Omics）和跨组学（Trans-Omics）因而应运而生。

　　多组学或跨组学，顾名思义，就是将两个或两个以上的组学进行联合分析。在此稍微引申一下，如果说单一的基因或蛋白研究是点的话，那么基因组和蛋白质组可以视为线，多组学或跨组学可以视为面或体，甚至更高维度的系统。当然，多组学或跨组学的出现远比立体几何中点、线、面、体的升维复杂，这是一种伴随着工具进步而对生命现象全方位的认知升级。

　　其实，自1990年人类基因组计划启动，组学研究便被激烈的研究路线之争围绕。想当年，中国科学界因为结构基因组还是功能基因组哪个更有意义而论战不休。一部分人认为，先搞清楚基因组全序列方可统揽全局，而另一部分则认为研究具体基因的功能才是当务之急。随着基因测序成本的下降，结构基因组获取唾手可得，研究者也更容易去了解具体基因的生物学功能。如今，大家已接受从系统论的角度看问题，不再孤立片面地将各环节看成相互隔离的，而是更加重视生命系统内各要素之间的相互作用。越来越多的人认可了组学的研究，且已经从原先的单一组学逐步走向了多组学、跨组学。我们已经看到了破解生命密码的曙光。

　　2023年3月，美国白宫公布了《美国生物技术和生物制造的明

确目标》，其中明确提出：（1）收集至少 50 种具有高发病率和影响
的疾病多组学数据，用于诊断和疾病管理防控；（2）采用多组学技
术进行重要疾病的诊断、预防和治疗，开发实现 1000 美元多基因组
技术。在中国，要实现代谢性疾病、心脑血管疾病、神经系统疾病
和肿瘤等重大疾病防控，实现"健康中国 2030"规划纲要目标，也
同样需要结合多组学技术对以上重大疾病进行研究和诊疗技术开发。
而根据我国人口数量和医疗资源情况，需要进一步提出"1000 人民
币多组学"目标，从未来疾病防控需求出发，从底层技术突破，最
终达到健康中国规划目标。自"人类基因组计划"以来，单个人全
基因组测序成本从 38 亿美元降至 100 美元用时 20 年。今天，我相
信我们提出的 1000 美元 / 人民币多组学检测的目标不再遥远。未来，
生命科学技术的发展将以更迅猛的方式应用于疾病防控和精准诊断，
帮助我们最终实现主动健康。这是世界人民对美好生活的向往，也
是基因科技造福人类的未来。

2

基因测序新时代，基因语言学起来

"人类基因组计划"与"曼哈顿原子弹计划"和"阿波罗登月计划"一起，被誉为"20世纪三大科学工程"。这些工程展示了人类在生命科学、物理学和太空探索领域的成就，推动了物理学和生命科学的发展范式转变，对科学和产业发展产生了里程碑式的影响。特别是人类基因组计划，它首次从最微观和最基本的层面揭示了人类生命的奥秘，不仅推动了生命科学和基因组学的发展，还对后来的精准医学实践和进步产生了深远的影响。

人类基因组计划之后，基因测序技术以超摩尔定律的速度发展，测序工具快速迭代，测序通量大幅提升，测序成本急剧下降，应用场景迅速拓展，公众认知与普及程度近年来也随着新冠疫情防控的需要飞速提升。为了让大家更直接地了解基因测序技术的发展及其对社会和个人的价值，这里简单提出了三个问题，让我们一起来回顾并展望基因组测序的过去和未来。

为什么需要人类基因组计划?

人类基因组包含决定人类生、老、病、死,以及精神、行为等活动的全部遗传信息。但是人类基因组计划之前,我们没有这张全景图,这就像我们生活在地球上却没有地图一样。为了获得这张基因信息全景图,人类基因组计划于 1990 年正式启动,由美国、英国、德国、日本、法国和中国六国科学家共同参与。项目旨在测定人类染色体中 30 亿个碱基对的核苷酸序列,绘制人类基因组图谱,从而达到破译人类遗传信息的目的。最终耗时 13 年,花费 38 亿美元,于 2003 年 4 月完成人类基因组图谱绘制,这是人类第一次在分子水平上全面地认识自我,诞生了"基因组学"这一全新学科,预示着生命科学进入全新的时代。

值得一提的是,以华大基因为主的中国科研团队贡献了 1% 基因组的测序工作,使得我国在基因组学发展的起点实现了和发达国家的并跑。

为什么要实现 100 美元基因组?

基因是生命的密码,人类基因组计划给我们提供了从基因组层面认知自我、认知疾病、精准医疗的全新视角。但要让每个人获得个人基因组信息,了解自身遗传密码,就必须让基因组测序技术人人可及、人人普及,这个核心便是可支付性(Affordability)。

这条路我们走了 20 年,终于在今年实现了 100 美元基因组。其中的关键性节点包括以下几点。

·2005 年：高通量测序技术（如 454、Solexa 等）开始出现。这些技术大大提高了测序速度和通量，降低了测序成本。

·2007 年：华大完成了第一个亚洲人基因组计划"炎黄一号"，测序成本降低到 300 万美元。

·2008 年：千人基因组计划启动，旨在绘制人类基因组遗传多态性图谱。项目最终积累了大量的遗传变异数据，为基因组测序技术的发展提供了重要基础。

·2010 年：美国 Illumina 公司发布 HiSeq2000 测序仪，实现 1 万美元全基因组测序。

·2014 年：美国 Illumina 公司发布 HiSeq X Ten 测序仪，实现 1000 美元全基因组测序。

·2017 年：华大智造发布 DNBSEQ-T7 测序平台，实现 500 美元全基因组测序。

·2023 年：华大智造发布 DNBSEQ-T20×2 测序系统，实现 100 美元全基因组测序，代表着中国的基因测序技术与工具从与世界并跑走向引领。

2024 年：华大发布纳米孔测序仪 CycloneSEQ 系列，在孔道数量、测序速度、读长和准确率等关键指标上表现卓越，华大成为全球唯一一家掌握超高通量、超低成本、超长读长全部测序技术的机构。

**100 美元基因组已经成为现实，这对于基因组学研究、精准医疗及其他生命科学领域的发展均具有重要意义。随着高通量测序技术的不断发展及单分子等新测序技术的出现，未来基因组测序的成本可能会进一步降低，为生命科学研究和应用提供了很多可能。

"人人基因组"时代要来了，我们要准备些什么？

100 美元基因组测序时代到了，10 美元基因组测序时代还会远吗？甚至有一天，测序完全接近免费也是可能的。到那个时候，大家就不太会问"为什么要测基因"，而会逐步开始问"为什么不测"呢？

医学上的趋势，随着测序成本的降低，已经有部分国家和区域把罕见病、肿瘤基因检测、无创基因检测纳入医保，使受检者能够免费接受基因组等多种组学检测，更好地实现多种疾病防控或精准诊断。

除了这些医疗应用，将基因用于个人的健康需求也是必不可少的。这就要求我们又要点亮一棵新的技能树，即读懂生命的语言，看懂自己的"人体说明书"。相当于年青一代，以后要多会一门"外语"，也就是 DNA 的语言。也许以后一个常见的社交场景，就是大家在一起，通过比较彼此的基因组来判断籍贯、亲缘，甚至预测如果婚配下一代会是什么样子。

今天，中国的基因测序技术领先全球，而放眼全球，"人人基因组"的目标也不会很遥远。未来，生命科学技术的发展将以更迅猛的方式应用于疾病防控和精准诊断，帮助我们最终实现主动健康。

　　一方面，随着成本下降和数据累积，通过人工智能技术构建疾病的预测和健康评估模型将会越来越准确；另一方面，确保新技术能够合法合规地规模化应用，包括新技术提速批准、应用场景规模开放和健康科普广泛培训等配套的政策措施也需要更加完善。

3

整合物种基因组，重建全球"生命树"

"我从哪里来？"

150多年前，达尔文在《物种起源》中提出了"生命之树"的概念，地球上所有的物种，不管是现存的还是灭绝的，都可以在"生命之树"上找到自己的位置，确定在生命演化中的进程，以及与其他生物之间的关系。

有了"生命之树"，我们可以从科学的角度去了解人类和其他物种之间的亲缘关系，从演化角度理解，人类也是众多生命中的一分子，从而回答"你从哪里来"这个既哲学又科学的问题。

一直以来，科学家们变着花样尝试利用各种各样的数据来构建"生命之树"。比如，现存物种的"形态数据"、少量的"基因数据"以及"化石数据"等。然而，这些数据和方法有一定的局限性，希望用局部性状反映整体关系，属于典型的"盲人摸象"，因此无法准确了解到生命是如何适应环境并逐渐演化为如今的形态和生理特征的，也难以预测生物未来的各种可能性，不足以构建出"真正"的生命之树。基因组是生命的遗传物质和建设蓝图，从理论上来说，生物的形态学特征都跟基因有密切关系，物种的演化关系和形态特征都被完整地记录和保存在基因组中，所以，全基因组信息是构建生命之树的最佳无偏数据。通过全基因组信息构建生命之间的演化关系，理解不同生物表型与基因的异同，我们称为"生命周期表"，其意义不亚于化学领域的"元素周期表"。

全世界有多少物种的全基因组被破译？

随着科学技术的发展，我们现在可以相对容易地获得物种的全基因组数据，从而使得演化生物学研究进入系统发育基因组学的崭新时代。通过获取和挖掘，拥有全基因组数据这份"金标准数据"后，我们几乎可以准确地重建"生命之树"的拓扑结构，进一步构建出跨越时间和空间尺度的理想"生命之树"。这也是当前全球生物学家推崇的思维方式和技术方法，因此，作为全球最大的基因组产学研机构，华大联合全球多国科学家在 2018 年发起了旨在解析全球 180 万种已命名的动植物、真菌和单细胞真核生物基因组的"地球生物基因组计划"（EBP 计划）。

那么，今天全世界到底有多少物种的全基因组被破译了呢？据美国国家生物信息中心（NCBI）的最新数据显示，截至 2023 年 8 月，全球破译基因组的动植物达到了 7738 种。值得一提的是，这 7000 多个物种的全基因组，有接近 40% 是华大与合作伙伴合作贡献的，累计破译了 2562 种动物、598 种植物全基因组。包括从 2002 年就开始的水稻（籼稻）基因组框架图，一直到 2023 年的南极磷虾的全基因组。

在已测序的动物中，陆生动物有 2165 种，包括 57 种爬行类、1825 种鸟类、77 种哺乳类、16 种两栖类、156 种昆虫、3 种蛛形类、2 种线虫类、2 种软体动物、2 种扁形动物等，其中还有我们熟悉的大熊猫、北极熊、家猪、家鸡和蚂蚁。

海洋生物有 353 种，包括 25 种哺乳类、51 种龟鳖类、37 种红树林及藻类、15 种无脊椎类、225 种鱼类。包括我们在电视或生活里常见的小须鲸、海马、绿海龟和牡蛎等物种，也包括濒临灭绝或功能性灭绝的白鱀豚和江豚等物种，为我们的子孙后代留下一些遗传信息的同时，还有警醒。

植物有 491 种，包括 278 种被子植物、5 种裸子植物、5 种蕨类植物、96 种苔藓植物、107 种藻类。针对我们常吃的水稻、小麦、谷子、大麦和高粱等的全基因组的破译工作，华大也都做出了重要贡献。

物种全基因组的破译带来了哪些启示？

大自然就是一个广大且富有耐性的实验室，花了几十亿年时间开展了大量的物种演化试验，为人类理解生命起源、物种迁徙、生存繁衍和生命演化提供了绝佳机会和视角。通过对这些物种基因组的研究，我们发现了很多有趣的结果。

　　比如，作为食肉目的熊猫可能是因为感知肉鲜味的基因产生突变，从而"放下屠刀"成为素食主义者；整天大鱼大肉还不吃蔬菜的北极熊因为载脂蛋白 B 基因（*APOB* 基因）受到选择，而不太会患人类高发的心血管疾病等。通过对肺鱼的研究，我们发现不听父母话的叛逆后代为扩大玩耍乐园顽强地爬上了岸，让我们更坦然地面对熊孩子的调皮。通过对鲸类、鳍足类和海牛类等水生哺乳动物的研究，我们知道其实生活在陆地上的一些物种曾经蠢蠢欲动地向往围城外的生活，并偷偷逃回海洋，重新获得的自由让它们流连忘返，从此一发不可收，四肢退化，身体变成流线型，但用肺呼吸暴露了它们的逃避史，而这一切都被如实地记录在基因组里。

　　人类的天性总是喜欢比较，特别是羡慕别人的好，然而我们发现自然界中有非常多的物种更加值得我们羡慕。比如从古至今，无论是王侯将相还是布衣百姓，都向往长生不老而不得，但部分被人类鄙视的啮齿类动物却具备这种超能力。长年生活在暗无天日洞穴中的裸鼹鼠和盲鼹鼠，具有远超于其体重相对应的寿命，它们可以活 30 多岁，相对而言，与其体重相当的近亲小鼠却一般不超过 3 岁。更让人萌发"生而不平等"想法的是，裸鼹鼠和盲鼹鼠不仅长寿还健康，不会患有与年龄相关的退行性病变（活动力和生殖能力一直很棒）。如果继续比较就更让人觉得"人生不如鼠生"，因为它们不管活多老都不易得肿瘤。基因组信息表明，它们在基因组发生了很多的遗传改变从而可以抑制肿瘤，同时还能产生很多抗癌的透明质酸等，没错，就是美妆行业众所周知的玻尿酸！

当然，更重要的是，越来越多的物种基因组的解析，更加彰显了大千世界的无奇不有，以及"生命科学中最不例外的就是例外"这句话。按照人类的常识，基因信息决定了后代的性别，大部分动物都是这样，但也有个别特例。比如，鳄鱼的性别就是由孵化时的温度决定的。鱼类也很奇妙，比如黄鳝刚出生时，都是雌性，而一旦性成熟产卵后，它们的生殖系统会突然发生变化，变成雄性。还有海底动物里的小丑鱼，它们按族群生活，幼年时雌雄同体，显雄性，到了需要繁衍后代的时候，其中一条体形最大的小丑鱼主动变成雌性，一旦族群中的雌性不幸殒命，族群遭遇繁衍危机，那么族群里幸存的雄性中体形最大的会接替不幸殒命的雌性的角色，主动变成雌性，以此来保证族群的繁衍。而这些奥秘的决定原因都隐藏在基因组的遗传密码里，基因组信息隐藏着我们理解和解读纷繁复杂、多姿多彩生命世界的第一性原理。

地球生命经历过了五次生命大灭绝，目前认为地球正在经历速度更快的第六次生命大灭绝，在当下全球生物多样性亟须恢复的紧张形势下，世界多个国家和地区都发起了多项基因组计划。除了上述 EBP 地球生物基因组计划外，华大也与合作伙伴联合发起了万种脊椎动物基因组计划、万种鸟基因组计划、万种鱼基因组计划、万种植物基因组计划以及全球蚂蚁基因组联盟计划等，力求破译地球所有生命的全基因组，解决物种进化的关键问题，保护生物多样性。

科学家之所以一直在做全球动植物基因组破译的工作，不仅因为每一个基因组的发表都意味着对这个物种认知的全新开端，也是推动生命科学研究范式的转化和升级，更是为了生命起源和物种演化的终极探索，最后也是在保护物种本身，维护地球生物多样性，推进生态保护和生物资源的科学利用，构建人与自然和谐共处，通过道法自然为可持续发展提供重要科学支持。

尽管与地球上已被人类认知和命名的数百万物种和已经灭绝及未被探索的物种相比，已被破译的全基因组物种显得微乎其微，但是人类凭借对这极小一部分地球生命的认知，已在农业、生物产业、濒危物种保护等方面取得了巨大进步。我们也相信，未来，通过对这些物种的全基因组数据进行深入研究，定能更好地理解复杂动物的演化机制，进一步探索生命起源和物种演化的更多奥秘。

4

单细胞也能测序，生命密码显真迹

细胞是生物体结构与功能的基本单位。早在 1665 年，罗伯特·胡克（Robert Hooke）第一次开始使用"细胞（cell）"来描述他使用自己发明的显微镜观察软木塞时看到的显微结构后，细胞就一直是科学家们关注的重点研究对象。一个成年人的细胞总数量高达 40 万亿到 60 万亿，要知道，在银河系中可观测的星球数量才仅有 0.1 万亿。而人类的细胞，从严格意义上讲，每一个还都不一样，这样一个个检测单个细胞的技术，就是单细胞研究。

既然提到了单细胞，那必然对应着多细胞咯？没错，在此之前做基因测序，那都是成千上万个细胞一起做，而每个细胞的基因组信息多多少少有些差异，所以得到的结果其实是个统计学结果。这如果用于一般的研究还够用，但在肿瘤研究、免疫系统研究、受精卵发育研究等方面就不太够用了。在过去，我们使用群体测序技术（bulk sequencing technology）可以获得组织块或者群体细胞群的总体

"平均"基因组信息，但这往往会掩盖不同细胞类型之间的异质性，甚至造成误导，就像在说您跟巴菲特的平均财富高于全世界99%的人。研究人员逐渐意识到，需要搞清楚哪个细胞是"巴菲特"，哪个细胞是"被平均的您"，以此揭示更详细、更准确的信息，才会更有助于理解生物体内复杂的细胞组成与功能。单细胞测序技术就此应运而生。2013年，单细胞测序技术荣膺《自然·方法》年度技术，我们也开始从单细胞角度解读生命密码，单细胞测序时代来了。

单细胞测序有多酷？想一下，刚才说到的几十万亿个细胞，它们均起始于单个细胞——0.2毫米大小的受精卵，这就像宇宙大爆炸一样，从单个奇点爆炸暴胀形成现在的浩瀚繁星。这不禁让人思考，我从哪里来？细胞是如何从一个变成两个，再变成千万个的？又是什么决定了细胞发育分化的"前进方向"？单细胞测序或许能让我们更接近生命的真相。

单细胞测序可以捕获到任意的单个细胞，并识别其中的基因组信息。这就好比天网系统，能在茫茫人海中识别到犯罪分子独一无二的面孔。要实现这个技术可不容易，第一个拦路虎就是单细胞的分离。在早期，科学家们尝试使用膜片钳或者纳米管挨个儿分离细胞，难度极大且耗费时间，典型的吃力不讨好；随着技术发展，出现了激光显微切割技术、微流体技术、微孔板技术、微液滴技术等。而即使能够分离出单个细胞，还会出现第二个拦路虎——一个细胞的核酸含量太低，仅仅处在皮克级的水平，相当于一个鸡蛋重量的10万亿分之一，这么少的量是远远达不到当下检测要求的，所以在测序之前我们还需要将其复制。更为重要的是，这样独立地看单个细胞，容易一叶障目，失去对宏观生命系统的把控。基于此，聪明的科学家们另辟蹊径，学会了给海量的细胞一一加上独一无二的"身份证号码"，然后将它们混合测序，最后我们可以在数据分析中根据"号码牌"来对应上哪些分子信息归属于哪一个细胞，以此来实现大规模高通量单细胞测序。

说起来，这几年包括单细胞测序在内的各类技术可谓一日千里。单细胞研究能够很好地帮助我们认识为什么有些细胞"生病了"，而另外一些细胞是"健康的"；也能告诉我们为什么有些细胞对某种药物的敏感性特别高，而有些细胞对该药物却"无动于衷"。随着分子扩增技术的优化、测序成本的下降以及单细胞分离系统的进步，单细胞测序技术成本越来越低，测序通量也从数个细胞级别提升到了百万细胞级别，真正地普及起来。当前，单细胞测序技术也走到了时空组学阶段，可以同时捕获时间以及空间上的单个细胞内分子信息，这张精细而宏大的高清晰度"生命世界地图"，将给生命科学带来颠覆性的认识，让我们对揭秘生命起源、意识起源充满信心。

5

全脑特征怎么测？时空组学了解下

脑科学无疑是当前最热门的前沿科学之一。经过长期研究，科学家们逐渐接受了大脑运作是一个量子状态而非电子状态的观点。大脑的基本运算单元——神经元越多，其可执行的指令就越复杂。例如，小鼠的大脑有约 7000 万个神经元，猕猴的大脑神经元数量增加到约 60 亿个，而人脑则是由约 860 亿个相互连接的神经元组成的高维神经网络，这些网络执行着复杂多样的神经功能，逐步形成了我们通常所说的"智能"。

要了解这个复杂的神经网络，我们就要从了解神经元的"身份"开始，那就需要对人脑神经元进行一次比较彻底的"神经元人口普查"。自从现代神经科学之父桑地亚哥·拉蒙卡哈（Santiago Ramóny Cajal）手动描绘出形态多样的神经元之后，我们知道人类的大脑是由海量的不同类型的神经元连接组成的。最初对神经元的"普查"主要依靠神经元胞体、树突和轴突等形态特征进行分类，随着分子生物学和电生理记录技术的进步，神经元可以根据一些细胞标识基因和神经元放电特性进行进一步分类。因为大脑神经元种类众多，单靠有限的细胞标识基因很难做到细致而准确的分类。类似地，目前的电生理技术能记录到的神经元数量非常有限，且可区分神经元类型的电生理特征也非常有限。所以这些因素限制了我们对人脑神经元类型的全面了解。因为高通量的单细胞转录组测序技术有了巨大进展，人们可以不再局限于有限的标识基因，而是可以用整个基因组所有基因的特征表达来定义细胞身份。尽管这些神经元已经有了"身份"，但它们仍然缺少一个精确的"住址信息"。等于你把所有神经元都叫到了一个大广场上，我们通过查看"护照"即通过单细胞技术查看样本来源，可以知道这些神经元来自哪个"国家"，哪个"省和市"，不过再具体到"区""街道""小区"就无能为力了。但要想进一步研究清楚大脑，这些神经元精确的"住址信息"也是必不可少的。这时候，时空组学技术就闪亮登场了。

所谓时空组学技术，就是一种基于华大自主的测序平台对特定组织的单层细胞进行原位成像的技术，可以达到 500 纳米的分辨率，相当于可以把一个哺乳动物的细胞分成 400 份（20 × 20）观察，这已经是亚细胞的精度了。更有意义的是，相比于其他显微技术只能看很小的视场，这项技术可以一次性观察上亿个细胞。如果我们用镜头来举例的话，这既是一个超广角镜头，又是一个超长焦相机。

这样的大视场、高分辨率的时空组学技术的出现就能给每个神经元登记上大脑的"住址信息"了。最近由中科院脑智中心和华大研究院等单位联合发布的猕猴大脑细胞空间图谱就进行了这样的猴脑细胞的"人口普查"，并于著名的《细胞》杂志上发表，测序超过了 1 亿个细胞，归档数据量超过了 300Tb。人们不仅可以知道每种猴脑神经元类型的"身份"，还可以知道每种神经元类型对于"家庭选址"有什么偏好性，喜欢与什么样的神经元做"邻居"。但是因为成为邻居的神经元并不一定都会有直接交流，有些神经元喜欢利用轴突"煲电话粥"从而远距离交流。那接下来人们要回答的问题就是哪些地方的什么样的神经元喜欢"打电话"交流？于是人们利用病毒特异性在不同模式动物上标记不同的细胞类型，追踪神经元的轴突走向和目的地，从而构建不同脑区的不同类型神经元的"社交网络"。随着神经元"身份""住址信息"和"社交网络"的信息整合，终于构建出一个信息全面的神经元"身份证"。这对于之后我们利用 AI 模型去预测神经元功能乃至大脑功能都具有重大的现实意义。

6

合成生命已开启，"生物积木"拼未来

理查德·菲利普斯·费曼曾讲过这样一句话："我造不出来的事物，我就不会真正理解它。"人类为了认知生命，一直尝试去创造生命。

如果说生命是一种语言，那么这个语言基本是由 DNA 组成的，而字母不过 4 种：ATCG。倘若我们把基因测序看成对生命语言的"读"，基因编辑看成对生命语言的"改"，那么合成就是对生命语言的"写"或"创"。故此，研究如何合成的学问，就叫作合成生物学。

合成生物学是将生物体当成一种复杂但可调控的系统，并研究如何通过改造干预，使得这个系统能够更好地为人类服务的学科，是融合了生命科学、现代工程学、计算机科学、人工智能等领域的新兴学科。如果大家玩过乐高积木就知道，无论是城堡、赛车或者是小动物，只要找到合适尺寸和形状的乐高积木，都可以通过拼积

木的方式拼出来。合成生物学正是通过"拼积木"的方式实现对人工生物系统的赋能。只不过合成生物学使用的积木是控制生命功能的生物元件。合成生物学所做的就是通过人工设计合成这些功能元件，并将它们合理地拼搭在一起，从而构建出具有特定功能的生命体。合成生物学是目前最为前沿的生物技术研究领域，业已受到了各国政府的高度重视。

为什么合成生物学如此受重视呢？因为合成生物学太有用了！首先，就像拼乐高积木作为儿童智力开发的一种学习方式一样，合成生物学通过拼砌生命的功能元件也能让我们对生命体从新的角度产生新的认知，这就是合成生物学的"造物致知"理念。比如，美国科学家通过合成生物学技术构建出了一个拥有"最小基因组"的活细胞，通过这个只有不到500个基因的"最小细胞"（人类基因组中含有约22000个基因）的研究，我们可以了解到生命最核心的功能，例如正常的繁殖，需要多少块积木才能实现。其次，通过合成生物学我们可以构建出许多"细胞工厂"为我们生产有用的产品，这就是合成生物学"造物致用"的理念。比如非常有名的青蒿素，通过植物种植再来提炼，或者化学合成的产量低、成本高，导致药物价格昂贵。而科学家通过合成生物学在酵母中拼搭出了青蒿素前体合成的功能，然后就可以通过发酵和化学合成生产大量青蒿素药物，造福患者。除了药物，生物能源、可降解生物塑料，连手机柔性屏原料都可以通过合成生物学构建的"细胞工厂"进行生产。显然合成生物技术具有巨大的产业化潜力，据估计，2030—2040年，合成生物学产业年产值能达到 2 万亿～4 万亿美元。

　　为了实现这一愿景，合成生物学需要在对现有生命系统的解读深度和相关使能技术上取得进一步的突破。首先，通过提升 DNA 测序和大数据解读能力，去对 DNA 功能元件进行挖掘和解析，获得更多有用的功能"积木"，丰富具有下游应用价值的资源库。其次，需要大力发展 DNA 合成技术，提高设计合成这些 DNA 功能元件的能力，甚至可以引入人工智能学习来帮助我们进行设计，从而达到设定的功能要求。最后，能将合成生物学投入应用，还需要建立适配的工业化能力，即将实验室里创造的"细胞工厂"推向大规模生产工艺的能力。

　　现阶段，世界各国政府和跨国企业都纷纷制订了相应的战略规划和行动计划，并对合成生物学技术和产业发展进行了大量投资融资，大量的合成生物学初创公司纷纷成立。例如，在生物制造领域领先的美国就制订了非常具体的战略规划和行动计划，并投入了大量的资金以对相关技术进行发展。而我国也围绕工程化能力在"十四五"生物经济发展规划以及合成生物学发展路线建议中做了详尽的阐释。期待随着对生命系统的深入理解以及相关技术的快速发展，在不久的将来，我们可以更容易地用"生物积木"，以标准化、规模化的方式探索生命极限，创造无限未来！

7

基因检测真神奇，精准医学造生机 [1]

在一个阳光明媚的早晨，一位患者被 120 送到了医院就诊，经过一系列检查后被诊断为中晚期胃癌。病人状态不佳，危在旦夕。经过抢救，病人暂时转危为安。专家会诊后确定了治疗方案，第一时间安排基因精准检测，进行靶向药物确认，十几小时后便拿到包括有靶向治疗指导结果的病理报告，明确了突变并找到了针对性药物，最终控制住了肿瘤，使病人转危为安。

这一过程听起来简单，实际则比较复杂，具体操作过程是这样的：首先，医生为病人进行了无创肿瘤个体化诊疗基因检测。这项技术仅需抽取少量外周血，就可以进行肿瘤基因检测，完美地解决了无法通过手术或穿刺取得癌症组织样本的问题。接着通过新一代目标区域捕获结合高通量测序和内部数据库与信息分析技术，一次

1　本篇文章由 AI 撰写。

性检测与癌症发生和药物靶点相关基因的外显子和部分内含子区域。

经过检测，患者的 ctDNA 结果显示，他的肿瘤细胞中存在一种名为 HER2 的基因扩增。HER2 扩增与胃癌的发生和发展密切相关，也是针对性治疗的重要靶点。根据这一结果，医生为患者制定了一种名为曲妥珠单抗的靶向治疗方案。曲妥珠单抗本是一种常用于乳腺癌的靶向药物，然而对于 HER2 引起的胃癌亦有良好效果。

在进行靶向治疗的同时，医生还为患者进行了华大肿瘤全外显子基因检测，以评估影响免疫治疗疗效的指标。这项检测可以对各类实体肿瘤相关基因变异进行详尽的临床解读，综合评估影响免疫治疗疗效的指标。检测结果显示，患者的肿瘤细胞中存在一种名为 PD-L1 的蛋白质过表达。PD-L1 是一种免疫抑制分子，能够抑制免疫系统对肿瘤细胞的攻击。因此，医生为患者增添了一种名为帕博利珠单抗的免疫治疗药物，以提高治疗效果。

在接受了靶向治疗和免疫治疗后，患者的病情得到了明显改善。胃部不适症状减轻，肿瘤体积逐渐缩小。在治疗过程中，医生还定期为患者进行 ctDNA 检测，以评估患者复发风险。通过术后 ctDNA 水平检测肿瘤残留，可以判断手术的效果和患者的复发风险。

但意外的是，患者在住院过程中，还不幸发生了院内感染，多种抗生素药物均束手无策。为了解决患者的疑难感染问题，医生运用宏基因组学技术对他的微生物群进行了分析。经过进一步的研究，医生成功地找到了感染的元凶——鲍曼不动杆菌——这是一种十分顽固的细菌。找到罪魁祸首之后，事情当然就好办得多了，那就是利用有针对性的抗生素对其予以治疗，病情旋即得到了控制。

经过此番一系列的针对性治疗，病人的生命终得挽救。不仅肿瘤得到了有效控制，感染也被彻底消除，生活质量得到了显著的提高。在此过程中，不难看到基因检测技术的强大威力。十分值得一提的是，这种精准医学的方法，不仅提高了治疗效果，降低了副作用，还为患者节省了大量的时间和金钱。

这一案例充分展示了基因检测技术在诊治中晚期肿瘤患者中的重要作用。随着科技的不断发展，我们有理由相信，未来基因检测技术将在肿瘤诊治领域发挥更加重要的作用，为更多的患者带来希望和生机。